ちくま学芸文庫

物理学の誕生

山本義隆自選論集 I

山本義隆

筑摩書房

目　次

物理学の誕生

山本義隆自選論集 I

1. アリストテレスと占星術

アリストテレスに親しんでいる読者には，本稿の標題に違和感を持たれた方もおられるであろう．実際，アリストテレスを語り論じている多くの哲学書で，占星術に触れられることはほとんどない．そもそもアリストテレス自身，管見の及ぶかぎりで，占星術に言及していない．しかし，アリストテレス自身にははなはだ迷惑な話かもしれないが，彼の自然学と宇宙論は，ヘレニズム期以降の占星術に理論的基礎を提供したのであり，中世後期の西欧における占星術の流行に無関係ではない．

アリストテレスの『動物発生論』には「常にあり必然的であるような自然にかんしては，何ごとも自然に反して起こることはない」とある（770b10-11）．古代ギリシャ文明，とりわけアリストテレスが人類の自然観にもたらした最大の転換は，この一行に集約されている．ギリシャ世界を経て自然的世界は，超越者（神や神々）の恣意に委ねられた世界，あるいは魔術的な力に翻弄される存在ではなくなり，その内在的法則にのっとって自己展開をする自律的な世界となったのである．そしてこの思想的転換によって，揺籃期の文明社会に誕生した迷信的な卜占（ぼくせん）としての星占いあるいは天変を前兆と見る天変占星術は，天体の運行の法則性に依拠して将来の出来事を予測する「疑似科学技術」としての占星術――言うならば「自然占星術」――に変貌を遂げることになる.

アリストテレスの語る世界は，よく知られているように〈土〉〈水〉〈空気〉〈火〉の4元素からなり生成と消滅の果てしない月下世界と，永遠の円運動を続ける第5元素〈エーテル〉からなる天上世界の二元的世界である.

それと同時に，彼は『気象論』で語っている：

〔4元素から構成される月下の〕この世界は必ず上方における運動と何らかの仕方で連続していなければならない．そのため，この世界の力はすべてそこ〔天上の世界〕から統制を受けている．すなわち，あらゆるものにとっての運動の根本原理がそこにあり，これが第一原因と見なされるべきものなのである．……したがって，この世界の周囲で生起する現象について，火，土，そしてそれらと類を同じくするものを，生成物にとっての素材の種類の原因〔素材因〕だと考えなければならないが，運動の根本原理が由来する，その当のものとしての原因は，永遠に運動する諸物体〔星々〕の力に帰されるべきである.（339a22-23）

そしてアリストテレスの『生成消滅論』には，「〔地上の事物の〕生成と消滅の原因をなすのは〔太陽や諸惑星の〕第一の移動〔日周運動〕ではなく，黄道にそった移動である」と，より具体的に記されている（336a32）．このような主張が現実性を帯びていた背景には，天までの距離が今とくらべてはるかに短く考えられていたこと，そして真空を認めない彼の自然学では天までの空間が大気やエーテルで満たされていたことが考えられる．

ともあれこのアリストテレスの自然学こそが，その後の占星術のための理論的根拠を与えることになった．西欧占星術の歴史に語られているように，「アリストテレスの自然学が広く信じられていたのだから，‘自然’占星術（医学，錬金術，気象学に惑星の影響を導入する占星術）が一般に容認されていたことは不思議なことではない」のである（S. J. テスター『西欧占星術の歴史』恒星社厚生閣，第5章51）．

ギリシャ・ヘレニズム社会を経て，日食や月食あるいは彗星の出現などの非日常的現象を，人間の所業に激怒した神が人類を罰するに先んじて発した警告であるとか，悪魔的な力に揺り動かされる天変地異の前触れであるなどと解釈するそれまでの星占いは，天の物体が地上の事物や人間に影響を与えるその因果的関係には法則性があり，それにたいしては筋道のたった理解と理にかなった説明，したがってまた蓋然的な予測が可能であると考える占星術へと変貌をとげてゆく．この意味での占星術――「自然占星術」――は，太陽や月そして諸惑星の食や合や衝といった特定の配置と，旱魃や大雨あるいは凶作や疫病の流行などの地上の出来事との相関を経験から推量し，自然学の原理にのっとって解読する実証的な学問であり，天体の観測に依拠して将来を予測する合理的な技術と考えられたのである．その論理構造は今日の気象予報と基本的に変わるところはない．

古代ローマのマニリウスの占星術書『アストロノミカ』には「自然は不確実な試みに甘んじることなく，みずから定めた法則に厳密に従う」「自然はもはや私たちにとって知られざる暗黒ではない」と明言されている．古代科学史の権威オットー・ノイゲバウアーの言うように「宗教や魔術や神秘主義の背景と対比するならば，占星術の基本的教義は純粋の科学なのである」（『古代の精密科学』第6章）．

その意味での占星術を最初に詳述したのは，ヘレニズム期最大の天文学者と認められるプトレマイオスであった．彼の『数学集成（アルマゲスト）』は，バビロニアに誕生した観測にもとづく数理天文学を集大成したもので，古代の精密科学の精華であり，古代天文学の最高到達地点を表している．それと同時にプトレマイオスは『四巻之書（テトラビブロス）』において，カルデア人のあいだに生まれた星占いをアリストテレスの自然学と宇宙論にもとづく占星術に鋳直した．そのプトレマイオスの書を「ギリシャの占星術で，いちばんよくまとまっている代表的著作」であり「現在にいたるまで西洋の占星術のバイブルとなっている古典」と語った中山茂の『占星術』には，「プトレマイオスの占星術理論の基礎になっているのは，アリストテレスが物質の性質の最も基本的なものとして用いた二つの対立する性質，乾—湿，冷—熱である」と書かれている．こうして古代天文学の最大の権威が，古代哲学の最大の権威に依拠して，占星術に学的な体裁ばかりか，その根拠へのお墨付きを与えたのである．

よく知られているように，中世前期のキリスト教社会の形成とともに，アリストテレスは見失われてゆく．天地創造と最後の審判そして全能の神による奇蹟の存在を信じるキリスト教と，初めも終わりもなく自然の内在的法則のみによって自己展開するアリストテレスの世界は，そもそも相容れない．初期のキリスト教は占星術にたいしても，その決定論が神の全能を不埒にも否定し，人間の自由意志を不当に制限するものとして，厳しい態度をとっていた．初期キリスト教世界の最大の思想家であった教父アウグスティヌスは，占星術を無神論に繋がるものとして弾劾している．初期のキリスト教が占星術を迷信的（superstitious）と言うとき，非科学的・非合理的というより反キリスト教的というニュアンスが強い．

その後，中世の西欧社会がイスラム社会を経由して古代ギリシャの学芸を再発見したことは，よく知られている．その中心は壮大なアリストテレス哲学の発見であったが，中世科学史の研究者エドワード・グラントによれば，西欧思想にたいするアリストテレスの影響は，じつは大量の翻訳がなされる以前にすでに始まっていたとされる．それはイスラム教徒の手になる占星術の書籍を介してであった．

実際 12 世紀の西欧の学者は，アリストテレス自然学の多くの観念を援用している占星術書であるアッバース朝のアブー・マアシャルの『占星術入門』をとおしてアリストテレスの学説に初めて出会ったと言われる．同書は，アリストテレスの著作群が翻訳される以前の1133年と1140年の二度にわたりラテン語に翻訳され，西欧に占星術を復活させることになった．同様にプトレマイオスの『四巻之書』も『数学集成』の翻訳に先んじて1138年にラテン語に訳されている．中世技術史の研究者リン・ホワイト・ジュニアの言うように「天文学，数学，医学，その他もろもろは，その多くが占星術という魔法の絨毯に乗って西欧にやってきた」のである．

岩波書店から出ている『哲学・思想事典』の「占星術」の項目には「13世紀の西欧で特に占星術に関心を持っていた人物には，R. ベーコンとアルベルトゥス・マグヌスがいる」とあるが，彼らはまたアリストテレス哲学を受け容れた先駆者でもあった．実際，ロジャー・ベーコンは「天の諸事物が普遍的な原因であるばかりか，下位の諸事物にたいする固有のそして個別の原因であることはアリストテレスによって証明されている」と『大著作』で明言している．同様にアリストテレス自然学に大きな影響を受けたアルベルトゥス・マグヌスは，著書『鉱物論』に「ものは自然物でも人工物でも何であれ，最初に天の力から刺激を受け取る．……天の配置は自然の生むあらゆる像に影響力をもつであろう」と記している．結晶の特異な形状は，天の力のなせる業と見られていたのである．

他方でキリスト教会は，当初アリストテレス主義の浸透に危機感をいだき，13 世紀には大学でアリストテレスを講じることを禁じていた．1210 年にパリの教会会議はアリストテレスを禁書にし，その延長として 1270 年には 13 の哲学的命題を異端として槍玉にあげたが，そのひとつに「この地上で働いているものすべては，天体の定める必然性に服している」というのがある．キリスト教原理主義から見たときには，占星術はアリストテレスがもたらした害悪の一部であった．

その後，パリ大学教授で神学者のトマス・アクィナスが超人的な努力でアリストテレス哲学をキリスト教の教義に折り合わせる，つまりキリスト教の教義をアリストテレス哲学に依拠して体系化することによって，アリストテレス主義は教会公認の教義となり，かくして勝義の中世スコラ学が誕生するのであるが，占星術をキリスト教の自由意志と折り合わせる論理を編み出したのも，トマスとその師アルベルトゥス・マグヌスであった．

彼らは，いかなる物体も非物体的なものに作用することはかなわない，それゆえ物体としての天体は物体としての人間身体には作用するものの，非物体としての人間の精神や意思には作用することはないと語ることによって，自由意志を占星術の支配から除外することに成功した．こうしてキリスト教は，事実上占星術を黙認することになり，中世後期からルネサンス期にかけての西欧に占星術の爆発的流行がもたらされることになった．

15 世紀末のウィーンの占星術師ヨハン・リヒテンベルガーの『予言の書』の「序文」には書かれている：

> 地上的な事柄の原因を知ろうと欲する者は，まず最初に天の諸事物に注視しなければならない．というのは，アリストテレスが述べているように，この下位の世界はより上位の世界と連関して運動し，またそれに依存しているので，地上の諸力はすべて，天にある卓越した事物〔天体〕によって支配されているからである．（『ヴァールブルク著作集 6』ありな書房，付属資料 C）

通常の哲学史では語られることはほとんどないようだが，西欧中世社会への占星術の浸透は，アリストテレスぬきには語れないのである．

（『アリストテレス全集　月報 9』岩波書店，2015 年 3 月）

2.　近代的自然観の形成
発展のカギとなった遠隔力の概念

輝かしい発展の歴史も調べてみれば
数々の誤解と見当違いの繰り返し

一年間の受験勉強，ご苦労様でした．

皆さんはこれまで物理なり，生物なり，化学なりを勉強してきたし，これからもさらに専門的に学ぶことになるのでしょう．ところでそういうふうな勉強を進めていく中で教科書などを読むと，人類の知識というのは現在に至るまで一直線に進歩し，順調に積み重ねられ，科学は予定調和的に形成されてきたような印象を受けると思います．

しかし実際には，そんなにうまく整合的に進んできたわけではありません．つまり現在では正しいとされている法則でも，当初はまったく見当違いの意味合いで理解されていたり，あるいは信じられないような間違いを犯して結果的に正しいところへ辿り着いている例もいくらも見られます．しかしそういった途中の錯綜や混乱や誤謬は全部，教科書の記述からは消えてしまっています．

今日は近代の自然科学というものが，いつもいつも教科書にあるように合理的な思考と整合的な努力にもとづいて作られてきたわけではないという話をしようと思います．

たとえば1600年に，イギリス人のウィリアム・ギルバートという人が『磁石について』という本で，地球は巨大な磁石であると書きました．大発見です．科学史や教科書でも，地球が磁石であることをギルバートが発見したとされており，そのかぎりでギルバートはきわめて科学的な考えを持っていたような印象を受けます．ところが実際にギルバートの本を読むと「地球は磁石であり，他のものに働きかける力を持っている．したがって，地球は霊魂を持った生きた存在であり，高貴な存在である」と書かれています．つまり，ギルバートは地球が霊魂を持つことを言いたかったので，彼の主張は今の考えとまったく違う文脈で唱えられていたことがわかります．

そういった例は，ほかにいくらでもあります．イギリスのマックスウェルという物理学者は電磁波理論を確立し，電場と磁場が波動となって空間中を伝わる速さは光の速さに等しく，したがって光も電磁波の一種であると提唱しました．その理論をヘルツというドイツの研究者が1888年に実験的に立証したと教科書には書かれています．しかし，ジュール・ヴェルヌという当時のフランスの小説家は，その発見について，「最近ヘルツという人がエーテルの存在を立証した」と記述しています．この時代，はるかかなたの星から光が地球に届くということは，宇宙空間には人間には見えない感じられない「エーテル」と呼ばれる寒天のような透明なものがあり，それが振動しているんだろうと考えられていました．つまり，光が波として伝わるからには振動を伝えるものがなければいけないというのが当時の常識で，その存在をヘルツが初めて立証したと見なされたのです．当時は，マックスウェルの電磁波理論の検証よりも，その媒質としてのエーテルの存在を示したことの方が大事なんだというふうに考えられていたわけです．

もう一つ例を挙げておきましょう．物理学の歴史の本を読むと，運動量保存則という基本的な力学の法則は，近代哲学の創始者であるデカルトが『哲学原理』で証明したと書かれています．ところがデカルトの運動量保存則の証明を見てみると，そこには「世の中に運動が満ちあふれているのは，初めに神様が一撃を与えたから」であり，「神様は完全な存在だから，神様がくださったものが増えたり減ったりするはずはない，したがって運動の量は保存される」と書いてあり，あっけにとられます．

教科書に書かれている表面的なことだけを見ていると，学問というのは着実にストレートに進歩してきたようですが，決してそうではないのです．

コペルニクスの地動説
その到達点と限界

一般に近代の世界像の起源は，1543 年に出版されたコペルニクスの『天球の回転について』という本にあると考えられています（図 2-1）．つまりそれによって地動説が誕生し，そこから近代の天文学と宇宙像が形成されたと言われています．しかし，私にはそう簡単には思えません．

たしかにコペルニクスは，太陽が静止し地球が太陽のま

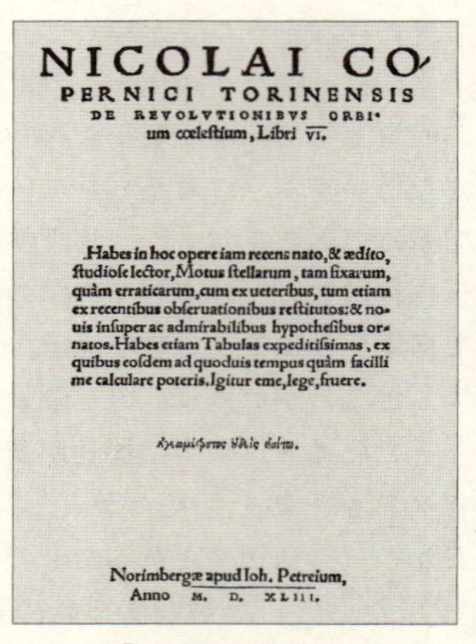

NICOLAI CO
PERNICI TORINENSIS
DE REVOLVTIONIBVS ORBI-
um cœleſtium, Libri VI.

Habes in hoc opere iam recens nato, & ædito,
ſtudioſe lector, Motus ſtellarum, tam fixarum,
quàm erraticarum, cum ex ueteribus, tum etiam
ex recentibus obſeruationibus reſtitutos: & no-
uis inſuper ac admirabilibus hypotheſibus or-
natos. Habes etiam Tabulas expeditiſsimas, ex
quibus eoſdem ad quoduis tempus quàm facilli
me calculare poteris. Igitur eme, lege, fruere.

Ἀγεωμέτρητος οὐδεὶς εἰσίτω.

Norimbergæ apud Ioh. Petreium,
Anno M. D. XLIII.

図2-1　コペルニクス『天球の回転について』1543．日本では『完訳　天球回転論』の書名で高橋憲一氏の訳が出ている．

わりを回っていると考えました．そう仮定すれば，天体の動きを簡潔に説明できるからです．たとえば地球から火星を見ていると，通常は一方向に移動してゆきますが，一時的に逆行し，その後，また元の運動方向に戻るという複雑な動き方をします．これは地球が太陽のまわりを回っていると考えれば，簡単に説明がつきます．

それまでの天動説では，各惑星の軌道が他惑星の軌道と無関係であったのにたいして，コペルニクスの理論によって，惑星のこの逆行現象が地球の運動に由来する錯視であることが明らかにされ，その記述のために用いられてきた周転円のようなものが不要になり，そのことによって惑星の運動が見通しのよいものとなり，その軌道の大きさの比が決定されました．このことの意味は大きいと思います．

しかしそれでもコペルニクスの説では，太陽は，熱と光を出すことをのぞいて何の役割も担っておらず，ただ太陽系の真ん中に存在するだけだということになります．

またそれまでの天文学では，天の物体が円運動をするのは，完全な物体としての天の物体の本性に由来することとして済まされていました．だとすれば，地動説が地球を惑星に仲間入りさせて太陽のまわりを周回させたことにより，この理論は根本的に見直しを迫られたはずです．しかしコペルニクスは，円運動は球形物体の本性に由来するものであると，旧来の議論を若干手直しするだけで，ほぼ全面的に踏襲したのです．そこからは，惑星の運動にたいする物理学上の，あるいは力学上の問いは出てきません．

一方，ニュートンの世界像，したがって近代物理学の太陽系像は全然違います．太陽は真ん中にあるだけでなく，すべての惑星の運動をコントロールしています．つまり惑星たちに力を及ぼして，ばらばらにならないようにすべての惑星をつなぎとめています．要するに万有引力です．そして惑星たちは，自分自身の慣性と太陽からの引力によって，太陽のまわりの周回を続けているのです．万有引力によって太陽系という一個の動力学的なシステムができているというのが，ニュートンのそして近代物理学の世界像なのです．そういう発想がコペルニクスには全然ありません．コペルニクスは地球をほかの惑星と平等に並ばせた場合，太陽系がどのように見えるかを考えたにすぎず，そのかぎりで単なる軌道の幾何学です．

実のところ，近代の世界像の真の出発点は太陽が惑星の運動を支配している，力を及ぼしていると考えたところにあります．つまり天体間に働く力——重力（万有引力）——を発見したことから近代物理学は始まったのです．

そしてこうした「天体の物理学」を最初に提起したのがヨハネス・ケプラーです．ケプラーが1609年に『新天文学』という本を書き，1687年にニュートンが『プリンキピア』という本を書いた，その数十年のうちに，地動説——太陽中心説——は，天体運動の幾何学から力概念にもとづくダイナミカルで物理学的なものに変わってゆきました．そこから近代の物理学が始まり，自然と宇宙にたいする考え方に大きな変化がもたらされました．

コペルニクスが地動説を唱えた時点では，天体の運動の見方についてはまだあまり大きな変化はないのです．

ギリシャの知恵はイスラムに
ヨーロッパの学問は12世紀から

ではそれ以前のヨーロッパでは，自然にたいしてどのような見方をしていたのでしょうか．主なものとして，アリストテレスの自然観を挙げることができます．アリストテレスは紀元前4世紀の人ですが，ヨーロッパ人の間にその自然観が知られたのは12世紀ごろのことです．

哲学や科学は古代ギリシャで誕生しましたが，その後，ギリシャがローマ帝国に征服されると，ギリシャの自然科学の遺産というのはほとんどが失われました．ローマには少し残存していましたが，5 世紀末に西ローマ帝国が崩壊したことによって，それもほぼなくなってしまいます．そんなわけで，ヨーロッパはほとんど数世紀にわたって学問的蓄積のない世界でした．

ではギリシャやローマの科学はどこに残されていたのかというと，イスラム社会です．9 世紀にアッバース朝のカリフ（イスラム社会の最高指導者）がバグダッドに「知恵の館」という研究施設をつくり，一方ではインドの数学や天文学を学び，他方ではギリシャの哲学や科学の文献を集めてアラビア語に翻訳させました．それらの学問を吸収したイスラム社会は急速に発展し，拡大してゆきます．地中海全域を支配下に収めてイベリア半島のほぼ全域，そしてシチリア島やイタリア半島の南部も傘下に加え，文化的にも経済的にもヨーロッパを圧倒しました．

実際，灌漑事業に優れ，イベリア半島の水利工事を手がけたのはイスラムです．植物の品種改良をおこなって，綿やサトウキビやパームやオレンジなどの栽培を始めたのもイスラムです．そのほかミツバチを飼って，はちみつを採取する技術を確立し，伝書バトを軍事用に使うことを考え，家畜の育種では世界最高の馬であるサラブレッドを生んでいます．

しかし 12 世紀ごろになってイスラムの勢力が後退し始

め，イベリア半島やシチリア島などでイスラムとヨーロッパの混じりあった社会が誕生します．もともとイスラム社会は宗教的には寛容な社会で，キリスト教徒もユダヤ教徒も，特別な税金をはらっていれば，居住を認められていました．そこでイスラムの高度な文明に接したヨーロッパ人は度肝を抜かれ，アラビア語を勉強し，イスラムの科学とともに，イスラム社会に蓄積されていた古代ギリシャの学問を吸収していったのです．それがヨーロッパの学問の始まりです．アメリカの歴史学者チャールズ・ホーマー・ハスキンズはこれを「12世紀ルネサンス」と表現しました．ルネサンスというと，一般には14・15世紀の文学や美術を中心に展開されたものを指しますが，12世紀ルネサンスというのは学術上のルネサンス——復興運動——であり，それ以降，ヨーロッパはものすごい勢いで古代ギリシャの学問上の遺産を吸収してゆきます．そうして吸収した古代の学問を研究し教育し保存するために，ヨーロッパの諸都市に大学がつくられたのもこの頃です．

それまでヨーロッパには，ローマ帝国から継承した文化的遺産としては，ほとんどキリスト教しかありませんでした．アウグスティヌスというローマ帝国末期の教父つまりキリスト教の思想家が書いた本を読むと，自然を学ぶ目的は聖書を理解するため，信仰のためであり，それ以上の勉学はすべきでないと考えていたことがわかります．単なる知的好奇心は肉体的欲望とおなじ，忌むべき，克己すべき欲望であると書かれています．そもそもキリスト教では，世界は神様によって創られたものであり，自然現象は神様からのメッセージと見られていました．だから自然を学ぶ目的は，そこに込められている神の意図を読みとることだったのです．キリスト教は超自然的な奇蹟を認めていたのです．

一方，ギリシャにはアリストテレス以外にも数多くの学者がいましたが，古代ギリシャ末期のアリストテレスはその中で圧倒的な存在といえるでしょう．彼の主張は，自然は「おのずとある」というものでした．神様が初めに創ったのではなく，自然は自分の内在的原理にのっとって存在している．自然現象は自然の法則のあらわれであり，人間はそれを合理的に理解できるはずであると．つまり，初めて自然科学というものの可能性を明らかにしたわけです．

また，アウグスティヌスをはじめとするキリスト教の指導者が知的好奇心を否定したのにたいして，アリストテレスはこれを全面的に肯定しました．アリストテレスの著書に『形而上学』という分厚い退屈な本がありますが，その一番初めに，「すべての人間は生まれつき知ることを欲する．感覚はすでに感覚することそれ自らのゆえに愛好される」と記されています．つまりアリストテレス哲学の基本には知りたがることは良いことだという思想があり，それを基にヨーロッパの学問は始まったのです．

アリストテレスの二元的世界

地球の絶対的静止

そのアリストテレスの世界像をごく簡単に説明しますと，地上の自然は四つの元素でできていると考えられています．自然界にはいろいろな性質があるが，アリストテレスはそれらを「温と乾」「温と湿」「冷と湿」「冷と乾」の4組の対立性質に分類し，それらの性質を実体化したものとして「火」「空気」「水」「土」の四つの元素を想定しました．世界はこの四つからできていて，これですべてのことの説明がつくというわけです．そしてこの4元素は，土が一番下に，その上に水，その上に空気，さらにその上に火というように空間の秩序に位階づけされています．

物が下に向かって落ちる現象を見たとき，われわれ現代人は地球の引力（重力）によってその物が下向きに引かれていると考えます．しかしアリストテレスの説では水と土は本来的に「重いもの」であり，自分から宇宙の中心，つまり下に向かうものである．逆に空気と火は本来的に「軽いもの」であり，自分から，上に向かっていくものであると考えます．したがって宇宙の中心には土がたまり，その上に水がたまる．これが地球である．つまり地球は単なる太陽系の中心ではなく，宇宙の絶対的中心なわけです．

こうして石は落下し，煙は真上に上がっていく．こういった運動をアリストテレスは「自然運動」と呼びました．それは外から力をうけたことによる運動ではなく，それらの物体の本性による自発的な運動なのです．そして，土や水は宇宙の中心，すなわち現在の地球の位置に達したら，それはその本来の場所ゆえ，それ以上自分から動き出すことはありません．

それでは，月やその他の天体の運動はどうかというと，アリストテレスは，月より上の世界，月があり，水星や金星，太陽があるのは別世界だと考えました．それは先ほどの四つの元素ではなく，5番目の元素でできているのです．地上の運動，つまり石ころや雨粒の落下は直線運動で，これはやがて終わる有限な運動です．それにたいして第5元素は「完全な元素」であり，それのする運動は終わりがない運動すなわち円運動だけであるとしています．月をはじめ天体の星がなぜ回っているかというと，第5元素でできているからであり，第5元素というのは「自然運動」として円運動をするものなんだということで，それ以上の説明はありません．そして第5元素でできている天上の世界は，生成も消滅もない完全な世界で，周期的な円運動だけが見られる不変の世界なのです．

そしてアリストテレスのこの自然観と宇宙像にもとづいて古代の天文学を集大成したのが，紀元2世紀のアレクサンドリアのプトレマイオスです．

アリストテレス・プトレマイオスの天動説——地球不動説——は，この物質理論と二元的世界観にもとづいていました．太陽や月や惑星が回りつづけるのが第5元素の本性によるように，地球が宇宙の中心にあって動かないのも土と水の本性によるものと考えられていたのです．したがって天動説と地動説の相違は，単に観測する座標系を地球中心にとるか太陽中心にとるかの相対的な差ではなく，世界の見方の絶対的な相違だったのです．

大航海時代の経験と ヨーロッパ人の意識の変化

コペルニクスのもたらした変革の根幹は，単に地球を動かし太陽を止めたことにあるのではなく，地球を惑星の仲間入りさせることで，アリストテレス以来の地球と天上世界を絶対的に分かつ二元的世界を否定したことにあります．

実際には，この古代から言い伝えられてきた地球像そのものが16世紀の半ばごろにだんだん壊れはじめていたのです．そもそもコペルニクスの本の出た1543年はどういう時代かというと，日本ではポルトガル人が種子島（たねがしま）にやってきた年です．ヨーロッパから見れば，東の果てにヨーロッパ人の足跡が及んだ年，要するにヨーロッパ人が地球全体を制圧した年です．これはコロンブスが西インド諸島に渡ってから51年目です．その半世紀の間にヨーロッパ人はヴァスコ・ダ・ガマがインド航路を開き，マゼランの一行が大西洋と太平洋を横断して戻ってきました．ユーラシア大陸の片隅にこもっていたヨーロッパ人が世界を知った時代です．地球を中心とする二元的世界像はアリストテレス以来ヨーロッパにひきつがれてきた世界の見方ですが，そういった見方を絶対視しなくなった一つの原因は，コロンブス以降のヨーロッパ人の地球についての知識の広がりだと思われます.

アリストテレスやプトレマイオスやその他の古代人によると，北回帰線と南回帰線の間に熱帯があるが，熱帯は暑くて焼けこげた地で人が住めない．また大きな海があって地球の反対側にはゆくことはできないとされていました．ところが航海した人たちの記録が出まわるようになると，アリストテレスその他の古代人の語っていることが必ずしも真実ではないことがわかってきました．それまでヨーロッパ人は古代の人の書いたものを無条件に受け容れていました．それが崩れてきたのがコロンブス以降の大航海時代というわけです.

実際にコロンブスから50年目，コペルニクスの書が出る前年の1542年には，ジャン・フェルネルというフランス人医師が「この私たちの時代はいかなる点でも，おのれを卑下するには及ばず，古代人の知識にため息する必要もない」と記し語っています：

> 哲学はすべての領域で古代を凌駕(りょうが)している．私たちの時代は，古代人が想像すらしなかった事柄を成し遂げている．大洋はわれらが時代の勇敢な船乗りたちによって乗り越えられ，新しい島々が見いだされている．はるかなるインドの奥地も明らかにされた．新世界と呼ばれるわれらが祖先の知らなかった新大陸は，その多くの部分が知られるようになった．たしかにこ

> れらすべての点で，そして天文学にかかわる点において，プラトンとアリストテレス，そして古代の哲学者たちは進歩を遂げてきたし，プトレマイオスはさらに多くのものをつけ加えてきた．しかし，それでも彼らのだれか一人が今日よみがえったとしたならば，地理学や過去の認識を一変させたことを見いだすであろう．当代の航海者たちにより，新しい地球が私たちに与えられたのである．

こんなふうにプトレマイオスもアリストテレスも確かに尊敬されるべきだが，われわれは既に彼らを乗り越えているのであり，古代人の言っていることをそんなにありがたがることはないと人々は考えはじめていたのです．

揺らぐ「不変の天空世界」
超新星の出現が引き金に

月より上の世界は新しいものの生まれることのない永遠に回りつづける不変の世界であるというアリストテレスの宇宙像を必ずしも真に受けなくていいという雰囲気は，おそらく少しずつ出てきたのだろうと思われます．

その流れを決定づけた出来事の一つが，1572 年に出現した超新星です．一般に大きな質量を持つ恒星は最後に大爆発を起こしますが，それが遠くの宇宙で起こると今まで見えなかった星が地球から見えるようになります．新星とか超新星といわれる現象です．それが 1572 年に起こっています．それを最初に発見したのがティコ・ブラーエという，デンマークの貴族でありながら生涯を天体観測に費やした人物です．ティコ・ブラーエは肉眼で見える星のすべての位置と明るさを知っていたと自分で言っています．その彼が夜空を見上げ，あんなところに星はなかったはずだと見てとり，そんなふうに新星を発見したそうです．この時代，空気もきれいで夜も暗く，肉眼で見える星の数は今と比べものにならないくらい多かったから，これはかなりびっくりすることです．しかし，その星はやがてものすごく明るくなり，いろいろな人の注目を浴びるようになりました．

そしてていねいに観測すると，この新星はまわりのカシオペア座の星たちとの位置関係を変えず，したがってこの新星の出現は月より上の世界で起きたことがわかってきました．すると「月より上の世界は変わるはずのない，永遠の世界だったはずなのに」という疑問がわいてきます．これは当時，かなりショッキングなことでした．

実際には新星や超新星の大爆発はそれ以前にいくつもあったはずですが，ヨーロッパの中世にはその記録が残っていません．1054 年にも，おうし座に明るい星が出現したという記録が世界各地にあり，日本では藤原定家の『明月記』に「昼間でも見えるほどの明るさになった」と書かれています．中国では『宋史』に記録があるほか，アメリカの先住民の遺跡にも記されているそうです．ところがヨーロッパにだけはその記録がありません．どうしてヨーロッパ人は気がつかなかったのか，実に不思議なことです．

ティコ・ブラーエが超新星を発見したのは1572年11月．一方，彗星の出現なども，それまでは月より下の世界の出来事と思われていました．ところがそれも観測技術が発達してくると，彗星は月より上の世界で起きていることがわかってきました．ただ，そんな中でも地球が動くことのできない不活性なものだという意識だけは，ずっと残っていました．たとえばティコ・ブラーエも惑星は太陽のまわりを回るとしながら，地球だけはじっと動かないという説を唱えました．太陽がほかの惑星を引き連れて不動の地球のまわりを回っているという，新旧の考え方の折衷的なシステムを考えたわけです．ティコ・ブラーエ自身，「こんなに冷たくて，不活性な土の塊である地球が動くはずがない」と言っており，そのためになかなか地動説を受け容れられなかったようです．

その不活性で動かず，宇宙の底に沈んでいる地球というイメージを変えたのが，地球は磁石であり，それゆえ霊魂をもつ活動的で高貴な存在だという，1600年のギルバートの発見だったのです．ギルバートは地動説にたいして自然学的根拠を与えたのです．

ケプラーの出発点
聖職者への道から天文学へ

当時はまた，宗教改革の時代でした．プロテスタントとカトリックはきびしく対立していました．こうした時代背景の下，南ドイツのルター派の貧しい家庭に生まれたのがヨハネス・ケプラーです．新興のルター派は当時，カトリックに対抗するために有能な聖職者を急いで育成する必要があり，教育に力を入れていました．おかげで貧しかったケプラーも神学校に学び，チュービンゲン大学に進むことができたわけです．その大学でケプラーは，ミカエル・メストリンという天文学の教授に出会います．メストリン先生は1572年の新星を自分で観察した結果，これは月より上の世界の出来事だと自分で納得し，コペルニクスの地動説を受け容れていました．その地動説の授業を聞いて，ケプラーも地動説を認めるようになります．

ケプラーは，単に地球がほかの惑星と同様に天を回るというだけでは納得しませんでした．ケプラーは太陽系を全体として見たときに，そこに何らかの秩序があるはずだ，太陽もただ単に真ん中にあるだけでなく，何かの中心的な役割を果たしているはずだ，太陽系全体の秩序をつかさどっているはずだと考えたのです．

ケプラーは，いわゆる新プラトン主義の影響を受けています．プラトンの考え方というのは，神様は世界を幾何学的に創ったというものです．要するにプラトンの頭の中で完全な学問というのは幾何学であり，神様は世界をそのように完全に創ったというわけです．しかしそれは，プラトンにとってはあくまでイデアつまり感覚される存在を超越した「真実在」の世界の話であり，現実の世界ではありません．つまりプラトンはわれわれが直接見る世界ではなく，理想化された世界のことしか考えていません．

しかしケプラーはその幾何学的な世界という考えを現実世界に当てはめようとしました．地球を惑星の仲間入りさせた地動説では，地球を含めて当時知られていた惑星は6個ですが，ケプラーはなぜ6個なのかを問題にしたのです．

そこでケプラーが行き着いたのがプラトンの正多面体です．正多面体が正4面体，正6面体（立方体），正8面体，正12面体，正20面体と全部で五つしかないことは，プラトンが証明しています．それにケプラーは目をつけたのです．地球の軌道半径と同じ半径の球面に正12面体を外接させ，それに外接する球面に火星の軌道を，さらに正4面体，球，正6面体，球を順番に外接させ，それぞれの球面に木星と土星の軌道を入れました．内惑星については，地球の軌道球面に正20面体，球，正8面体，球をそれぞれ順に内接させ，その二つの球に金星と水星の軌道を想定しました．当時，地球を含めて惑星は水星から土星まで六つしか発見されておらず，それぞれに5個の正多面体に内外接する6個の球が一つずつ対応します．

ケプラーはそこで喜びました．惑星が六つしかないことを自分は証明したと考えたのです．もちろんこれは何の根拠もありません．だいいち今では，惑星は6個ではありません．しかし軌道半径の比を計算していくとまったくの偶然ながら，実際の軌道半径の比にかなり近かったこともあり，ケプラーは宇宙の秩序を解明したと思い込んだのです．舞い上がったケプラーは天文学にはまってゆきます．こうした経験がなければ，ケプラーはルター派の有能な聖職者になっていたかもしれません．

火星だから発見できた「楕円」軌道
第5元素の常識にピリオド

一方でケプラーの正多面体理論から計算した惑星軌道を含む天球の半径は，コペルニクスの計算値と少しずつずれていました．コペルニクスの依拠しているデータが不正確だと考えたケプラーは，より正確な観測データを欲して，先ほども出てきたティコ・ブラーエのもとに赴きます．

ティコ・ブラーエは世界で初めて何十年間も継続的な天体観測をおこなった人です．それまでの天体観測というのは，特別なときに散発的に実施されたものにすぎませんでした．ティコ・ブラーエの継続的な観測は精度も良く，統計的に信頼できるデータを得ていました．そのデータがあれば自分の理論を立証できると考えたケプラーは，ティコ・ブラーエの門下に入りました．

ティコ・ブラーエは一人ひとりの弟子に星を一つずつ割り当て，ケプラーには火星の軌道の解析をするよう命じます．これは何年何月何日に火星はどこにあるのかという，正確なデータを作成することが目的だったようです．惑星の軌道は厳密には楕円ですが，実際には円とあまり変わりません．というか，事実上円です．ケプラーにとって幸運だったのは，火星の軌道がほかの外惑星に比べて離心率，つまり楕円の度合いが高かったことでしょう．

それでも火星軌道の離心率は $e=0.0934$ で，楕円の長半径 a と短半径 b の比は $b/a=\sqrt{1-e^2}=0.996$ でほとんど円です．そんなわけでケプラーは，火星の軌道が楕円であることを発見するまでに数年かかりました．それまでに大変な計算と試行錯誤をくり返しています．しかし，楕円軌道だという結論に達したこと自体，賞賛に値します．というのも天体の運動，つまり第5元素の運動は円軌道に決まっているというのが当時のドグマで，ほとんどすべての人がそれにとらわれていたからです．

実際にはケプラーがティコに雇われた約1年後，ティコは亡くなってしまいますが，残された膨大な観測データがケプラーに託されました．ケプラーはそのデータにもとづいて，惑星は太陽を焦点とする楕円軌道を描くというケプラーの第一法則と，その際に動径が単位時間あたり掃く面積（面積速度）は一定だとする第二法則を突き止め，1609年に『新天文学』という本で発表しています．

コペルニクスは天文学として地動説を唱えました．当時の天文学というのは単に軌道の幾何学なんです．軌道を決めるだけで，「なぜか？」という惑星の運動の根拠（つまり動力学）についての質問はありません．惑星の運動はその本性から円運動とその組み合わせに決まっていると信じられていたからです．それにたいし，なぜ惑星はそういう運動をするのかという疑問を持ち込んだところが，ケプラーの本当の新しさなのです．その疑問の発端は，ひとつにはそれまで不活性と思われていた地球を惑星の仲間入りさせたことであり，いまひとつは惑星の軌道が，楕円だということにあります．楕円というのは円に比べてゆがんでいるわけであり，円であればそういうものだということで済まされてしまいますが，円でないとすればそのゆがみの原因がただちに問題になるからです．

「地球は磁石」を太陽に拡大解釈 それが動的天文学への転換点に

そしてまたコペルニクスは，実のところ太陽中心ではなく，太陽近くの地球軌道の中心を太陽系の中心と考えていました．だから厳密には太陽中心説ではなく，それにそもそも太陽は惑星の運動に影響していません．

それにたいして，ケプラーは太陽そのものを中心に据えました．その結果，初めて惑星軌道が一定平面上にあることが示されたのですが，現在ではこれを「ケプラーの第零法則」と呼ぶ人もいます．つまり本当の意味で太陽を中心に置いたのはケプラーと言えるでしょう．地動説の提唱者はコペルニクスであるが，太陽中心理論の提唱者はケプラーというわけです．そしてそこから，太陽は中心にあるだけでなく太陽系全体をコントロールしている，惑星を動かすなんらかの作用能力が太陽から放射されているという考えが出てきました．

ケプラーはその作用能力が一平面上で放射されていると想定し，太陽を取り巻く半径 r の円周上の弧が単位長さあたりで受ける力の強さを F とすれば，円周全体では $F\times 2\pi r$．これは放射されている作用能力の全量を表すので常に一定．したがって F は r に反比例すると推論しました．物理を知っている人なら，場としての作用は三次元に広がっていくので力の大きさは r の 2 乗に反比例することがすぐにわかります．しかし，ケプラーは二次元での広がりを想定したので，r に反比例すると考えてしまったわけです．その点でまちがっていたとしても，距離の数学的関数で減衰する遠隔力という考え方は決定的な発展だったのです．

そのうえで惑星は太陽から運動方向に力を受けており，その速さは力に比例すると仮定しました．ケプラーは正しい慣性の法則も力が加速度を生むという正しい運動法則も知らなかったので，まちがって力が速度を生むと考えたのです．すると，その速さ v は r に反比例することになります．公転周期 T は円周の $2\pi r$ を v で割ればいいから，結局 T は r の 2 乗に比例するというのがここでの結論となります．

ケプラーはその後，ティコ・ブラーエの観測データから，T の 2 乗と r の 3 乗が比例する，より正確に言うと，r^3/T^2 が惑星によらない定数であるという自身の正しい第三法則を見いだすに至りました．しかし，最初の誤った推論の中でも，太陽が惑星に力を及ぼしているという考えにつらぬかれていることがわかります．

そんなわけでケプラーは太陽が惑星に及ぼしている力の

起源を考えました．そのとき行き着いたのが，最初に例に挙げたギルバートの「地球は磁石である」という説です．

ケプラーが，物理学としての天文学，つまり太陽が力を及ぼしているという新しい太陽系像に行き着くまでに大きな役割を果たしたものは三つあります．ひとつはコペルニクスの地動説，ひとつはティコ・ブラーエの観測データ，もうひとつはギルバートの磁気哲学であるとケプラー本人は言っています．

ギルバートは地球が磁石であるということを発見しただけでなく，地球はほかの惑星とおなじように自ら動くこともできる霊魂を有する存在だと主張しました．そこからケプラーは，地球が磁石ならば太陽もおなじだと考えたのです．太陽も巨大な磁石であり，地球や他の惑星に磁力を及ぼし，その力で惑星の運動をコントロールしているのではないかと．それこそ単なる軌道を決めるだけのそれまでの幾何学的な天文学から，運動の原因として力を問題とする動力学的な天文学への決定的な転換点でした．

こうしてケプラーは，天体間に働く重力を――当時知られていた唯一の遠隔力である磁力のアナロジーから――考えるにいたります．ケプラーによれば，二つの物体はそれぞれの質量に比例し，その間の距離に反比例する力で引きあうというのです．ニュートンの万有引力にいたる第一歩です．そしてケプラーは，月が海水に及ぼすこの力が潮の満ち干の原因だと語っています．

力の概念をめぐって
機械論の二つの立場

たいがいの科学史の本を見ると，アリストテレスの世界像，それまでの中世の世界像にたいして，近代になって，機械論哲学がそれを乗り越えていき，新しい科学ができたという説明が一般的です．機械論あるいは原子論というのは，物質はそもそもが無性質で，不活性で，自分から他に力を及ぼしたりしない，したがって物の性質はその形状や大きさ，そしてその運動だけから説明されるべきものであるという立場です．たとえば光がガラスを通るのは光の粒が丸くてツルツルでガラスの穴をすり抜け，酸が舌にヒリヒリするのは酸の粒子に刺があるからだと考えます．

そのような立場から見ると，物体が他に及ぼす力としては，直接の接触による近接作用しか考えられません．機械論では，ケプラーの言うような遠く離れた天体間に力が働くなどという話は信じられないことなのです．それは時代おくれの魔術か占星術のたわ言のように思われたのです．

代表的な機械論者のデカルトは重力を認めず，惑星が太陽のまわりを回っている理由について，太陽系全体に細かな物質が行き渡っており，それが渦を巻いているのだと説明しています．その渦巻きによって惑星は動かされているのであり，地球のまわりにもそのような渦があり，それが月を動かし，また地表近くではその渦によって重量物質は地球にむかって押されると考えたのです．

一方，おなじ機械論者のガリレイはデカルトの渦動のような無理な仮説は唱えませんでした．しかし，天体間の重力も地球上の重力も認めていません．ただ事実として惑星は周回し，地球上の物体は鉛直下向きの加速度を持つことだけを認めた．それ以上のことは考えない．

それまでの学問では，絶対確実な原理があり，そこから論証を間違えなければすべての説明が可能なはずだと考えられていました．スコラ哲学といわれた中世のアリストテレスの哲学でずっと語られていたのは結局，物の本性をいったん突き止めれば，その物の属性や振る舞いが全部演繹され説明できるというものです．したがって，その本性を窮めることが学問だったのです．

ガリレイはそういう発想を一切やめてしまったのです．空気抵抗等のない理想的状態では地球上の物体は一定の加速度で落下することを事実として認め，落下速度は時間に比例し，落下距離は時間の2乗に比例することを数学的に証明し，それを実験でたしかめる．しかしそれ以上，なぜ加速度が生じているのかということは問わない．つまるところ自然科学というのは，定量的に測定できる量の間の法則性をたしかめることだと考えたのです．

それはいいのですが，しかしガリレイは，やはり機械論者として，天体間の重力を受け容れることができませんでした．潮の満ち干が月の引力によるというようなケプラーの議論を，ガリレイは馬鹿にしています．

そもそもガリレイにしろデカルトにしろ，ケプラーの3法則についてまったく言及していません．ケプラーは

1609年と1619年に出版した本で3法則を発表しましたが，ガリレイの『天文対話』が出版されたのは1632年，デカルトの『哲学原理』は1644年．二人ともケプラーの法則を聞いているはずですが，無視しています．

ケプラーの3法則というのは人類史上，初めての物理学の法則です．物理学の法則というのは，一方では統計的に信頼できる観測データ・実験データに裏づけられていて，他方では厳密に定義された数学的用語を用いて表されていなければなりません．ケプラーの三つの法則はその両方の要件を満たしている初めての法則なのです．

しかし，ガリレイもデカルトもそれを認めそこねています．二人とも力学の基礎を作った人です．物体は力を受けなければ等速度運動を続けるという「慣性の法則」を語ったのはこの二人です．しかし天体の運動については，デカルトは勝手な空想にふけり，ガリレイも地球や惑星が太陽のまわりを回ると言っただけで，楕円軌道すら認めず，コペルニクスのレベルにとどまっています．

機械論というのはあくまでも，遠隔作用としての引力を認めないという立場なのです．だから私には，機械論が近代科学を築いたという言いかたは現実をあまりにも単純化しているように思われます．

イギリスにおける実験哲学
遠隔力の容認

ではどこでケプラーの考えが受け容れられたのかという

と，それはイギリスです．この国には，磁石として地球はほかのものに影響を及ぼすことができるというギルバートの磁気哲学の影響がいきわたっていました．もう一つはフランシス・ベーコンの実験哲学です．イギリスでも機械論は取り入れられていましたが，それはデカルトのような観念的なものではなく，機械論もあくまでも実験的に確かめるべきものだと考えられたのです．

近代への過程で実験の重要性に気づいた一つの勢力は魔術でした．これは意外かもしれませんが，自然界の森羅万象は，「引力と斥力」，あるいは魔術用語では「共感と反感」で結びついており，その力ないし影響を調べあげ，自然の働きを人為的に再現させ，さらに促進させることによって人の役に立てることができるというのが魔術――ルネサンスの自然魔術――の基本的な考え方なのです．

古代以来，感覚はまちがいやすいが，厳密な論証はまちがうことがない，だから真の学問は論証的なものでなければならないと考えられていました．しかし自然界には磁力のようにその正体がよくわからない力や麻酔剤のように理由はわからないが人に眠気をもたらす性質などがあり，論証によって説明することのできないそのような働きや性質を実験をやってみて調べるというのが，自然魔術の考え方なのです．だから魔術思想というのは，実は実験と深く結びついているのです．よくわからないからこそ，実験的に確かめてみて，その力や性質の効果をうまく使おうとしたわけです．イタリアのデッラ・ポルタは自然魔術の実践で有名ですが，彼は磁石やその他についていくつもの実験を書き残しています．

そして実験を推奨した別の一派が職人たちでした．そのころ大学でおこなわれていたのはアリストテレスなどをラテン語で勉強するもので，それが高級な学問だと見なされていました．文書偏重の知で，それには職人たちのおこなう手作業にたいする蔑視がともなっていました．それにたいして職人たちは実際の自分の仕事で経験した事柄を科学的に実験で追究しました．磁石の伏角を発見したロバート・ノーマンなどがそうです．この人は20年間船に乗り，その後，ロンドンで航海用器具の製造の仕事に携わった人で，大学などには縁がありません．自分で羅針盤を作っているとき，針を水平に保っていたはずなのに，針を磁石でこする作業が終わると磁針は北を指す方が下を向く．そこに疑問を持って実験をおこない，伏角を発見します．

このように，実験というのは魔術師や職人たちがおこなうようになり，そしてイギリスではその実験的研究が主流になったのです．

そのイギリスで早くに天体間の力という考えを取り入れたのはロバート・フックという人でした．ばねの力の「フックの法則」で有名なフックは実験物理学者としてすぐれていて，当時の最先端技術であった真空ポンプを作っています．またボイルに協力して「ボイルの法則」の発見に貢献しています．もともとはフックも機械論の信奉者だったので，天体の運動について初めのうちはデカルト的な考えを認めていましたが，そのうちに遠隔的な力の作用の存在を認め，それを重視するようになります．フックがそれをはっきり意識したのは，彗星の運動でした．

彗星は当時の観測でいうと，どこからかほとんどまっすぐ飛んできて，太陽のそばで急にUターンし，またまっすぐ離れていく．これをフックは，彗星が太陽の力の作用圏までまっすぐに飛んできて，太陽の引力で急激に方向を変え，最後に太陽からの反発する力で遠ざかっていくと捉え，これは太陽が磁石であることを表しているのではないかと考えました．つまり磁石は配置によって引力だけではなく斥力も示すが，それと同様に，太陽にも引力だけではなく斥力もある．そんなふうに考えたのです．ここからフックは，磁力とのアナロジーで，離れている天体間に作用する力が存在するのではないかという立場を取ります．ここでもギルバートの影響は顕著です．

しかもケプラーとちがって慣性の法則をすでに知っていたフックは，軌道の解析の仕方として，彗星も惑星も力を受けなければ直線運動をするが，他方で太陽に引っ張られて太陽の方向にむかい，その太陽にむかう運動と軌道接線方向への直線運動の合成で現実の軌道が曲がっていくんじゃないかという考えに行き着きます．しかもフックは，その力——太陽の引力——が距離の2乗に反比例しているとまで考えました．

発見の下地は錬金術にある？
ニュートンと遠隔力

この考えをそのまま取り入れたのがニュートンです．ニュートンの語っている力学原理，つまり「物体は力が働かなければ等速度運動をする」という第一法則と，「物体に力が働くと，その力の大きさに比例した速度変化がその力の方向に生じる」という第二法則は，フックの解析にピッタリ対応しているのです．

つまり，まわりに何もない空間内において一定の速度で運動している物体（天体）は，何もなければそのまままっすぐに動きつづけるけれども，中心物体から引力を受けるとその方向に速度変化——速度の大きさ（速さ）とその向きの変化——が生じ，その重ね合わせで物体の軌道は中心物体の向きに曲がってゆき，こうして天体は太陽のまわりを周回するのです．

こうした重ね合わせの考え方を実はニュートンはフックから学んだのでした．ただし，フックはここから先に進めなかった．フックは実験手腕とともに物理学的直観力にもすぐれた人でしたが，実験手腕ほどには数学の才能がなかったのでしょうか．それにたいして，数学の天才ニュートンは，これを基にケプラーの三つの法則から距離の2乗に反比例するという，正しい万有引力の法則——関数形——を導き出しています．その際，ニュートンが遠隔的な万有引力を考えることができたのは，彼が通常の機械論者ではなかったからです．

ニュートンは実はもっと得体の知れない人物で，錬金術などにも人生の相当の時間を費やして研究していました．錬金術で実際に化学反応を起こすといろいろな変化が生じ，熱も発生します．そんなわけで，そういった能動的な原理，活性的な原理を物質は持っているはずだという認識がニュートンにはありました．ニュートンが通常の機械論者なら，物質は不活性なもので遠くに離れたものを引っ張るようなことはあり得ないと考えたでしょう．しかし，ニュートンは遠隔力の存在を認めるのに抵抗がなかったようです．こうしてニュートンは万有引力を考え出し，それによっていろいろなことを説明しました．

ところが機械論者たち，とくに大陸のデカルト主義者たちはニュートンに徹底的な批判をあびせます．ニュートンは万有引力という魔術のような遠隔力を持ち出したと，散々に叩かれたのです．ニュートンはそれにたいして，力が何であるのかということは問わない，力の法則だけが問題なんだと主張しました．現象から力の数学的法則が導き出され，そしてさらにその法則により地球上のさまざまな運動，月の運動，惑星の運動，彗星の運動を正しく定量的に説明できれば，それで力の存在は認められるのだということです．

たとえば潮の満ち干．万有引力論では地球や海水はそれぞれ月に引っ張られ，それによって加速度が生じます（図2-2）．力を受ける物体の質量でその受ける力を割った値がその物体の加速度になるので，月の引力によって生じ

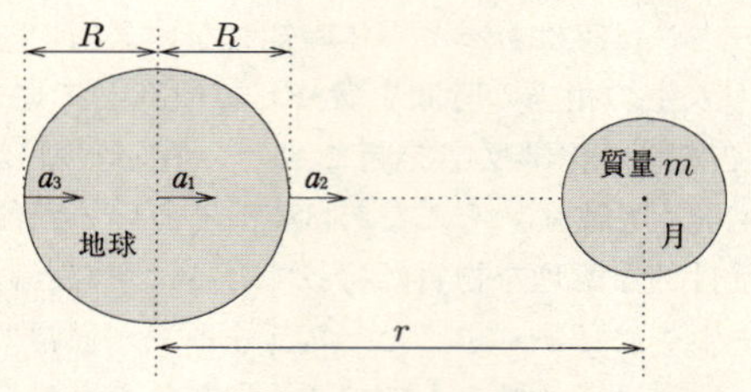

図2-2　月の引力により海水に生じる加速度

る①地球の加速度 a_1，②月に最も近い海面付近の海水の加速度 a_2，③月から最も遠い海面付近の海水の加速度 a_3 は，それぞれ次のように表されます．ただし，r は地球と月の間の距離，R は地球の半径，m は月の質量，G は万有引力定数です．

① $a_1 = G\dfrac{m}{r^2}$

② $a_2 = G\dfrac{m}{(r-R)^2} \fallingdotseq G\dfrac{m}{r^2}\left(1+2\dfrac{R}{r}\right)$

③ $a_3 = G\dfrac{m}{(r+R)^2} \fallingdotseq G\dfrac{m}{r^2}\left(1-2\dfrac{R}{r}\right)$

近似は R が r に比べて十分に小さいことを使いました．②と③の値から地球の加速度①を引くと，地球から観測される両面の海水の加速度が計算できます．

②－①　　$a_2 - a_1 \fallingdotseq 2G\dfrac{mR}{r^3} > 0$,　　右向き，

$$③-①\qquad a_3 - a_1 \fallingdotseq -2G\frac{mR}{r^3} < 0,\qquad \text{左向き.}$$

したがって地球上で見ると，月に向かっている海面と反対側の海面がともに地球の中心から離れる方向に持ち上げられ，満ち潮になる．そのため，満ち干の周期は12時間．6時間ごとに満ち潮と引き潮が入れ替わることが説明されます（実際には海水に慣性があり，少しおくれます）．さらに太陽の引力も考えれば，地球と月と太陽が一直線に並んだときに大潮が生じることもわかります．こうしてガリレイが認めようとしなかった月の引力による潮汐が，ニュートンの手で見事に説明されました．

万有引力概念の勝利
物理学の目的とは

このようにニュートンは，ケプラーの三つの法則から万有引力を導き，その大きさが力を及ぼし合う物体間の距離の2乗に反比例することを突き止め，さらに太陽系全体の秩序，地球の形の扁平性，彗星の運動などをすべて説明しました．動力学的な太陽中心説の完成です．結局，ニュートンがおこなったことは，ガリレイが運動についておこなったことを力にまでおし広げたことになります．つまり物理学は「力の本質」や「力の伝達の仕組み」を考えるのではなく，「力の数学的な法則」を確定することを目的とするということです．しかしニュートンのその考えがヨーロッパ大陸側で受け容れられるまでに，およそ100年かかりました．こうして物理学はものの「本質」は何であるのかを問うという意味の存在論をひとたびは追放したのです．

実際はニュートンの思想にはもっと複雑なところがありますが，その点はここではふれません．

重力についてつけ加えておきますと，アインシュタインが一般相対性理論をつくって研究をさらに一歩進めようとしましたが，実際のところいまだによくわかっていないことがたくさんあります．

結論的にいえば，近代科学形成の過程で人々はアリストテレス以来の二元的世界，月より上の世界と下の世界を分けるという二元的世界を打ち崩し，地球をほかの惑星と平等に動いていることを認めたのですが，それだけではなかったのです．単に太陽を真ん中に置いただけでなく，太陽が惑星をコントロールしている，惑星に力を及ぼしている，太陽系をそういうダイナミカルなシステムとしてとらえるようになったのです．

そしてそれには万有引力という概念を必要としましたが，その万有引力が受け容れられるまでには，紆余曲折がありました．近代的な見方と言われる機械論だけでは万有引力は受け容れられなかったのです．魔術的な物の見方，あるいは占星術的な，また錬金術的な物の見方，今から考えれば非科学的とも思えるような思想的基盤があって，初めて万有引力という考えが出てきたのであり，受け容れられていったのです．もちろん今では魔術は物理学にとって何の意味もありませんが，しかしその誕生のさいには，魔術的思考はあるけっして小さくはない役割を果たしたのです．

今の時代になって過去を振り返ると，近代科学が非科学的な勢力に打ち勝って進歩してきたという単純な構図を思い浮かべますが，実際にはそう簡単ではありません．今日はそれをわかってほしかったわけです．

皆さんは入学試験が終わったばかりで，ほっとしていることと思いますが，大学に入ったらこれまで以上に勉強してほしいと，私は思っています．受験勉強なんて目じゃありません．というのも受験勉強というのは枠があります．これだけのことを知っていればよろしいという枠です．それは中学１年生の中間考査から，試験範囲は何ページから何ページまでですという形で繰り返されてきました．大学の入学試験も基本的には同じことで，入試に出るか出ないかを念頭に置き，その枠の中だけで勉強してきたわけです．そのようにこれまでの勉強では常にその枠が与えられてきましたけれども，大学に入ったらそれはありません．何をどれだけ勉強するかは自分で決めることなのです．自分の問題意識と興味と関心で決めることです．遠慮することもない．

そう考えていくと，勉強をしなければいけないこと，したいと思うことはいくらでもふくらんでゆきます．そういうふうに勉強してほしいと思います．ときどき大学生と話していると，受験勉強以外の勉強の仕方を知らない諸君がいて，かわいそうになります．大学にも定期試験はありますが，それは最低ラインだと思ってください．それ以上，どれだけ自分でやるかが大切です．

ところで何のために勉強するのでしょうか．勉強する目的は実に簡単なことだと思います．勉強する目的は何か．専門のことであろうが，専門外のことであろうが，要するにものごとを自分の頭で考え，自分の言葉で自分の意見を表明できるようになるため，たったそれだけのことです．そのために勉強するのです．

今，世の中はものすごい勢いで変わっています．自分で考えなければいけないことはたくさんあるわけです．それにたいして自分で考え，自分の言葉で表現できる，私はこう思うということを表明できなければいけない．そうしないと世の中の風潮に流され，マスコミの刷り込みを無批判・無抵抗に受け容れてしまう結果になる．そういう点で日本人の学生は，かなり訓練不足だと思います．ほかの国の学生はもっと自己主張をします．自己主張しないと，日本の中では奥ゆかしいで済むかもしれない．しかし，外国では自己主張しない人間は単に不勉強で無能だと思われるだけです．だから大学では，目一杯勉強してください．

本日はどうもありがとうございました．

（駿台予備学校での特別講演，2004年2月．
『駿台教育フォーラム』22号，2004年7月）

3. 在野で学ぶということについて

山本です．大佛次郎賞という賞をいただいて，正直いうと私はどういう賞かよく知らなかったのですが，ただ大佛次郎という作家は，好きです．『鞍馬天狗』は読んでいませんけれども，一連のフランスものといわれるノンフィクション，とくにパリ・コミューンを扱った『パリ燃ゆ』は感激しました．

私ごとになりますが，20年ほど前にある出版社から，『ブック・ガイド・ブック』という読書案内の本をつくるから山本さん，何でもいいから1冊，自分がほんとうに面白いと思った本を挙げて書評してくれといわれて，迷わずに『パリ燃ゆ』を挙げました．実際にあの本は，パリ・コミューンを描いた本のなかでは，もちろん日本語で読めるなかでは抜群ですけれども，おそらく外国にもあれだけの本はないんじゃないかと思っています．どこがすごいかというと，圧倒的な歴史資料に裏づけられて歴史学者の批判にもじゅうぶん耐え，かつ，だれが読んでも面白いということです．そういう本だと僕は思っています．

ちょうどそのころ，私は科学史の本を書きはじめたころでした．ひそかに，ああでなくてはいけない，つまりプロの研究者の批判に耐え，なおかつだれが読んでも面白くなくてはいけないと思っていました．今回その大佛次郎氏の名を冠した賞をいただいたというのは，ほんとうにうれしく思っています．とくに，文学を専門としておられる何人もの審査委員の方々から読みやすいと評されたことは，「だれが読んでも面白いもの」という意図の何割かが実現されたのでは，と自分では思っています．

受賞については，私は駿台予備学校というところで物理を教えているのですけれども，私と同様に大学やアカデミズムの外で勉強し，研究をしている人たちがおられるわけで，その人たちにとってなにがしかの励みになればと思って賞をいただくことにしました．

在野で研究を続けるということはやはり困難なことですが，それは常識的に考えて物理的・経済的にいろいろ困難がつきまとうというほかに，最大の困難は何かというと自己満足に陥りやすいということなんですね．独りよがりになってしまう．私がやっているのは科学史ですが，そうならないためには，プロの研究者の批判に耐えるという要素はやはり重要で，軽視してはならないと思っています．私は物理学史をやっていますが，物理学史というものは一方では科学史のプロの批判に耐えなければいけないし，しかし同時に物理屋が読んでも面白くて意味のあるものでなければならないというふうに思っているのです．

まさしく大佛次郎の『パリ燃ゆ』は，学者でなく小説家の大佛次郎が，なおかつ歴史学者の批判に耐えるものを書いて，それによって学者の書くものを超えたのではないでしょうか．そんなわけでその名を冠した賞を受けたことを私自身も励みにして，今後も勉強を続けていきたいと思っています．どうもありがとうございました．

*

1月28日，東京・日比谷で開かれた第30回大佛次郎賞贈呈式（『磁力と重力の発見』全3巻，みすず書房，2003，で受賞）でのスピーチをもとにしています．

（『みすず』2004年3月号）

《付録》

第一級のノンフィクション 大佛次郎『パリ燃ゆ』の面白さ

「大著は大悪だ」と言ったのはレッシングだそうだが，大佛次郎の大著

『パリ燃ゆ』（朝日新聞社，朝日文庫）

には当たらない．

「面白い本」とは，読み出したら食事も寝る間も惜しんで没頭し，読後もじわーっと余韻が残るような本をいうのだろう．読者が活字の中の人物や事件に感情を移入し，悔しさとか喜びとか悲しみを分かち持つわけだ．

そういう面白さでは，このノンフィクションは，第一級のものと言える．

本書は，ルイ・ボナパルトによるクーデターから普仏戦争における帝政の崩壊，そして国防政府の裏切りに対するパリ労働者の自然発生的蜂起とパリ・コミューンの成立から敗北までを詳細に描いたもので，日本語で読めるパリ・コミューンについての書物の中では類比を絶するものであり，おそらくは外国にもこれだけのものはないのではないかと思われる．

マルクスは『フランスの内乱』で，パリ・コミューンに

ついて「ついに発見された政治形態」だと語ったが，この言葉は，残されている第1草稿にも第2草稿にも見当たらない．つまりマルクスにとって，パリ・コミューンはヨーロッパの歴史においてのみならず彼自身の思索においても「ついに発見された」ものであったのだろう．

そのようにあらゆる意味で「ついに発見された」，それゆえに，希望と苦悩に満ち勇気と混乱に支配されたパリ・コミューンを，大佛次郎は，コミューンを生き戦い死んだ，あるいは敵視し憎悪し，あるいは傍観し，慨嘆した，一人一人を生き生きと甦らせることによって，見事に再現している．

なによりも本書は，1世紀にわたる革命と反革命を生き抜いたパリの無名の労働者を歴史の流れの中の主人公と位置づけることによって，太い筋の通ったものとなっている．

膨大な文献に裏づけられ史実にも忠実な本書は，歴史書としても優れているが，それ以上に，小説家の筆によって歴史上の人物の強さも弱さもずるさも見事に書き上げられ，大河文学として読むこともできる．稀に見る「面白い本」といってよい．

（『ブック・ガイド・ブック 1982』河出書房新社）

4. 『磁力と重力の発見』をめぐって

小著『磁力と重力の発見』をみすず書房から上梓したのが2003年の5月22日ですから，ちょうど1年が過ぎました．昨年夏以来，思いもかけなかったメディアに取り上げられたり，思ってもいなかった方面から評価されたりして，率直にいって嬉しくも慌ただしい1年でした．

昨年の夏に，みすず書房のホームページに著者からのメッセージを載せたいので，著書についてなにか書いてくださいと頼まれ，下記のような一文を書きました．

「どちらかというと文科系の本なのですが」

『磁力と重力の発見』上梓以来，この書名から，そしてまたおそらくは私が予備校で物理の教師をしていることから，物理学とは縁の遠いいわゆる文科系の人たちから「自分たちでも読めるでしょうか」と再三問われています．そしてそのたびに私は「どちらかというと文科系の本ですが」と答えています．しかし内心では，理科系・文科系という振り分けと無縁であり，さらに言うならば，専門学術書と一般向き教養書という区分をも拒否したいと思っています．

科学史という学問が学問として出来上がって，せいぜい半世紀にしかなりません．つまり科学史が，現役の科学者がなにがしかの教訓を引き出すために科学の形成過程を再構成した物語や，教育にたずさわる人たちが教育的観点から脚色した歴史読み物でも，ましてや好事家の手になるエピソード集のたぐいでもなく，実証的な歴史学として追究されるようになって，まだ日も浅いといえます．

しかし，そうして大学には科学史の講座が創られ，科学史で博士号をとった「プロ」の科学史家が生まれ，専門の学術雑誌が発行されるようになると，必然的に業績主義が促され，専門家集団内部の評価のみが重視されがちになりました．のみならず，いわゆる学説史が勝利者史観に傾きがちなことへの反動として，社会史が主流になっています．そんなわけで，はやくも「文科系化」された専門の科学史学者と「理科系」の個別科学研究者のあいだの距離が広がっています．科学史学者は個別科学の研究者の書いた「啓蒙的・教育的科学史書」を軽んじ，逆に個別科学の研究者にとっては科学史学者の手になる「専門的・学術的科学史論文」は面白みがなくなっています．

それにたいして私が『磁力と重力の発見』に込めた密かな願いと狙いは，ここで白状しますが，自然科学の現役研究者や学生にとって面白いだけではなく，ルネサンスや西洋思想の研究者にも十分読むに値し，しかも専門の科学史家の批判に耐え得るものを書きたいという，はなはだおおそれたものでした．その身の程知らずの意図がどれくらい実現されたかは，もちろん読者の判断に俟たなければなりませんが，すくなくとも文科系・理科系といった縄張り意識や専門書・一般書といった色眼鏡を外して読んで頂きたいと思っています．

2003年夏　　山本　義隆

現在読むと，いささか気負いも感じられますが，それなりに執筆時の気分を正直に表わしているとも思います．「学際的な研究」などといった大層なことを言うつもりは毛頭ありませんが，それでも，文科系と理科系といった色分けの意識や，科学史学のプロか否かという縄張り根性を離れ，一般書と専門書，教養書と学術書といった区分だてにも囚われることのないものを書きたいと思っていたことは確かです．それは，一方ではプロの研究者の批判にたえ，他方では一般の読者に面白いものと言いかえることができるでしょう．

「プロの研究者の批判にたえる」という点については，この間の何人かの科学史の研究者からの評によって，ある程度の合格点は得られたのかもしれません．他方で，「一般の読者に面白いもの」という点については，元々が地味な本であることを考慮すれば，――少々点が甘いかもしれませんが――そこそこいい線いってるのではと自負しております．

読者にとって面白いためには，なによりも著者自身が面白いと思っていなければなりません．その点はある程度の自信がありました．実際，執筆は楽な作業ではありませんでしたが，しかしそれなりに自分では楽しく身を入れてすすめることができたと思っています．つまり，「あとがき」に「アウェーでの勝負」と記したように，ヨーロッパ中世などという一介の物理の教師にとってはおよそ縁遠い世界に分け入るには，もちろん少なからず不安もありましたが，それでも，その未知の世界での発見のひとつひとつに驚きを感じ喜びを見出すことができました．そして，その心の震えが読者に伝わり共鳴してもらえればきっと読者も本書を面白いと思ってくれると信じて書き続けました．

本書が理科系・文科系を問わず多くの読者に受け容れられたとするならば，それは私の執筆の苦労が読者に訴えたのではなく，私の学習の楽しみが読者に感じられたからだと思っています．

昨年『読書人』に優れた書評を書いてくださった哲学者の野家啓一氏は，最近になってあらためて『文學界』(6月号) に拙著の紹介文を草してくださいました．それには「著者が楽しんで書いた作品でなければ，読者がそれを楽しむことなどできないのである」とあります．我が意を得た気がします．つけ加えますと，この野家氏のエセーは「幾何学の難問が一本の補助線の働きでいとも簡単に解決へと向かう」ように，本書が「遠隔力」概念の発展を科学史の「補助線」にすることで，「ギリシャ科学から近代科学へいたる歴史過程の相貌を一変させた」と書かれています．実に，真に優れた読者の真に優れた書評は著者が言いたかったことを著者以上に的確・明快に表現するという，稀なる例のひとつでありましょう．そしてこのような読者・評者を持ったことは，著書として望みうる最大の幸せかもしれません．

書物はひとたび市場に出たならば，産みの親である著者の手を離れ，一人歩きを始めます．本書が今後どういう運命をたどるのかはわかりませんが，著者としてはひとりでも多くの読者にできるだけ長く愛されてほしいと願っております．

2004 年 5 月 22 日

（『駿台教育フォーラム』22 号，2004 年 7 月）

5. 16世紀文化革命

今日は小生の講演にわざわざ来ていただいて，ありがとうございます．遠方から来られた方もおられるようなんで，正直恐縮しております．

今回受賞した『磁力と重力の発見』という本は科学史の本なのです．

科学史という学問が学問として自立したのは，実はたかだか50年ぐらい前で，20世紀の後半です．もちろん科学史，あるいは物理学史の本はそれ以前から存在していたんですが，それまでの物理学史というのは，物理学者が片手間に書く，あるいはリタイアしてから書くというのが普通でした．そういうふうに物理学者が書いた物理学史というのは，現在の物理学の思想や哲学を裏づけるために書かれたり，あるいは啓蒙的・教育的な観点から書かれた本が多いわけです．だから昔の時代のいろんな発見を，現在の立場から見て解釈する，もっといえば自分に都合のいいように，あるいは教育的な配慮に沿うように並べて歴史を書いていた．

科学史という学問は，それにたいする反省からできてきました．そうじゃないんだ，現実の科学研究というのはもっと複雑で錯綜していて，現在の理論にむかって一直線に，予定調和的に発展してきたわけではないんだ．現在評価されている業績にしても，当時の人はぜんぜん別の見方をしていたり，いまとは違う観点で，違う論理的な枠組みで物事を捉えていたケースも多く，同じ言葉を使っていても意味が相当違っていたりする．そのあたりのことをちゃんと実証的に調べなきゃいけないという反省から，科学史という学問ができたわけなんです．

それはいいんですけれども，科学史という学問ができたということは，要するに大学に科学史というポストができて，科学史を教育する大学院ができて，学会ができて，学術雑誌ができて，学者仲間で評価し合うシステムができあがっていったということです．この科学史の専門家は，業績を上げなきゃいけないから，同業者相手にものを書く．そうして書かれたものは，たしかに実証性という点ではかつて物理学者が片手間に書いたものとはぜんぜんレベルが違うんだけれども，ただ正直言って，外から見て面白みがなくなった面があるんですね．物理学史であっても，物理屋が読んであんまり面白くない．

僕はそういう学者の世界にいる人間じゃないし，別に学問的業績を上げなきゃいかん立場でもない．ちゃんと予備校で飯食えているんだから（笑い）．そういう立場なんで，やはり物理学史は第一に物理屋が読んで面白くなきゃいけないという思いがあるんです．かといって，もちろん物理学者の自己満足みたいなのではいけない．専門の科学史研究者の批判に堪え，物理屋が読んで役に立って，かつ一般の人にとっても面白いものを書きたいと，ひそかにそう思ってきたわけです．

今日，皆さんにお配りした資料のなかに，僕が以前に書いた大佛次郎の『パリ燃ゆ』の書評があります．昔，河出書房の編集の人に会ったとき，「『ブック・ガイド・ブック 1982』という本を出すから，自分が面白いと思った本を一冊挙げて，紹介してください」と頼まれたので，僕は迷わずにこの本を挙げました．本当に面白い本です．しかも圧倒的な資料の裏づけがある．大佛次郎という人は歴史学者じゃなくて，小説家ですけれども，パリ・コミューンについて書いた本で，おそらく世界的にもこれだけの本はちょっとないと思うんです．フランスにもないんじゃないですか．歴史学者の批判に堪えて，なおかつ一般の人が読んで面白いものの，僕の知る代表例です．僕はちょうどそのころ，科学史の勉強を始めたんで「こういうのをやらないかん」とひそかに思っていました．そういう意味で，今回，大佛次郎賞をもらうというかたちで評価されたのは，本当に嬉しく思っています．

16 世紀に何が起きたか

本題の「16 世紀文化革命」ですが，この「16 世紀文化革命」という言葉は，おそらく初めて聞かれた方が多いと思います．それはそうで，僕が言い出したんですから（笑い）．例えば「12 世紀ルネサンス」とか「17 世紀科学革命」という言葉は，西洋史の世界，あるいは科学史の世界で周知の言葉です．それにたいして，こんな言葉はなかった．それどころか，たとえばバーナルという人の科学史の本には「16 世紀というのは名前がない」，つまり「特徴がない」と書いてある．あるいは科学史学の重鎮であるサートンは，「16 世紀という時代は 17 世紀の前のアンチクライマックス，谷間の時代だ」と書いている．収穫のない時代だと言われているんですね．

確かに 17 世紀になると，ニュートン，ガリレイ，デカルトといった，スーパースターが出てくるわけで，そういう華やかな天才の名前というのは，16 世紀には少ない．コペルニクスくらいでしょうか．だけど，16 世紀に知の世界，学問の世界で根本的な地殻変動があったのではないかと僕は思っています．16 世紀という時代のその大きな地殻変動の上に，17 世紀の開花があったのです．

それは何かというと，職人，技術者，船乗り，軍人，外科医——外科医というのは職人なんです．当時は，大学を出た医者は手を汚す仕事はやらないわけです．手術をする，包帯を巻く，そういう汚らしい手仕事をやるのは理髪師あがりの外科職人でした——そういう人たちが，実際に自分の仕事で行き当たった問題，あるいは自然との格闘の過程で行き当たった問題を，自分の頭で考察して，それを俗語で本に書いたということです．俗語というのは，民衆の話し言葉です．当時の唯一の学術用言語はラテン語だったわけですが，それはまた唯一の書き言葉でした．当時はまだ国語というのはなく，限られた地域だけで通じるいくつもの言葉があるだけで，ラテン語ではない普通の人が日常喋っているその地域言語が俗語で，その俗語で職人たちが本を書きだしたのです．これが16世紀に起こった大きな変化なんですね．それは科学そのものの内容を大きく変えていったと思われます．

どう変えたかというと，ひとつは，それまでの学問は，アリストテレス大先生はどう言ったというような文書偏重の知であり，言葉のみによる論証の科学だったのですね．それにたいして職人たちは，実際の経験を重視する知，経験さらには実験にもとづく科学を対置しました．

もうひとつ，それまでの知には秘匿体質がありました．昔からヨーロッパには，「真の学問というのは神様が与えてくれた神聖なもので，選ばれた特別な人にだけ伝授すべきものであって，みだりに一般大衆に明らかにしてはならない．一般大衆には，よこしまな心で神様の知を悪用する不心得なやつがいるからだ」という意識がずっとあったわけです．それにたいして，俗語で書くということは，学問を公共のものにする，誰にでも伝授可能，誰にでも教育可能なものにして，努力と能力さえともなえば誰でも習得できるものにすることでした．

16世紀に職人たちが俗語でものを書き出したということは，この2点で大きな変化だと考えられます．

蔑視されてきた職人たち

この時代，職人が学問をするということは，それ自体が大変なことでした．これは今の僕らにはちょっと実感できないですが，ヨーロッパには，「職人たちの手作業は卑しい仕事である」という観念が牢固としてあったのですね．16 世紀ごろまでの西ヨーロッパの大学には，学芸学部，いまで言う教養学部があって，その上に専門学部として法学部と神学部と医学部がありました．学芸学部で教えられていたのは，論理学と文法と弁証法，つまりラテン語とそれによる論述および論証の技術ですね，それと算術と幾何学と天文学と音楽を合わせて全部で七つです．その七つは「自由学芸」と言われていました．

もう 40 年以上も前ですけど，僕が大学に入ったときに，教養学部で盛んに「教養学部の教育の理念はリベラル・アーツ，つまり自由学芸なんだ」ということを聞かされました．リベラル・アーツ，自由学芸と言われて，何が自由なのかな，いわゆる学問の自由ということかなと思っていたら，ぜんぜん違うんですね．そこで言っている「自由」というのは，「自由人の」という意味なんです．つまりそれに対置されるのは「奴隷の下賤な知識」なんですよ．手作業は奴隷のする仕事で，そうじゃない学問が自由学芸ということなんですね．それはもちろんギリシャの奴隷制社会から始まっているわけで，アリストテレスなんかはそういうことをはっきり言っています．「職人と奴隷はどう違うのか．やっている仕事は同じである．ただ，奴隷は一人の主人に仕え，職人は大勢に仕えるだけであって，どちらも卑しい仕事である」．その職人蔑視・手仕事軽視の風潮がヨーロッパでは連綿と続いていたのです.

16 世紀の前の 15 世紀のイタリア・ルネサンスには，いわゆる天才的な芸術家が出てきたと言われますけど，そもそも芸術家というのが生まれたのはその時代なんです．それまでは，絵描きにしろ彫刻家にしろ，単に無名の職人だったわけで，依頼主から「教会のこの壁にこういう絵を描いてくれ」と言われたら，マニュアルにしたがって指示どおりに描くだけでした．それが芸術家としておのれの構想にのっとって芸術作品を創るようになるのは，イタリアのルネサンスからであって，こうして絵描き職人が芸術家としての画家に変身して地位が高くなってゆきました.

だけども，その当時のイタリアの状況を社会学的に研究したものによると，絵描きとか彫刻家の親はほとんど職人であって，知識階級はいない．それだけ社会的地位は高まったけれども，画家はやはり蔑まれた職人だったのです．ルネサンスの大画家で古代ギリシャ以来最大の彫刻家と言われるミケランジェロは，例外的に貴族の出自ですが，父や兄は一門から絵描き風情が出たことを恥さらしなことと捉え，ミケランジェロをいじめたと言われています.

医学の分野でもそうです．16 世紀にヴェサリウスという人が「近代解剖学の始まり」と言われる解剖学の本を書きますけど，その序文にこんなことが書いてある．「上流階級の医師たちは，古代ローマ人を真似て手の仕事を蔑視し，病人にたいする食事の準備はすべて看護婦にまかせ，薬の調合は薬屋に，手術は理髪師にまかせてしまった．医師は外科医をほとんど奴隷のように見下していた」. 医学の世界でも，実際の医療実践に携わる外科医は外科職人として蔑まれ，馬鹿にされていたのです.

だからそういう知的風土のなかで職人が学問するというのは，ましてラテン語も知らない職人が本を書くのは，そのこと自体が画期的なことだったわけで，16世紀にそういう人たちが一斉に出てくることになります.

職人が本を書き出した

絵描きの世界では，たとえば15世紀にフィリッポ・ブルネレスキという天才的な建築家が出て，遠近法の理論をつくって，絵画に科学的な理論を導入しました. 職人の出ですが，フィレンツェのサンタ・マリア・デル・フィオーレ寺院を建てた建築家で，おそらく建築家としては初めて名前を残した人です. あるいは有名なレオナルド・ダ・ヴィンチなんかもやはり科学的に物事を見ているわけですね. 彼のノート類を見たら物理学者みたいなことをいっぱい書いています. 力学を論じたり，解剖の絵を描いたりしている. どちらもたいへん科学的になっている.

ただこの二人は，本を書いていない. むしろ知識を隠しているんです. レオナルドにしても，ノートをたくさん残したけれども，裏返したような字で書いて，他人には読めないようにしている.

それにたいして16世紀になると，ドイツ人のアルブレヒト・デューラーという人が出ます. この人はニュールンベルクの金細工師の息子で，版画の技術を身につけて，イタリアに行ってイタリア・ルネサンスに開眼して，ドイツにルネサンスを持ち込んだと言われている人です．この人も同じように絵画の理論をつくったのですが，1525 年にそれをドイツ語で本に書いています．『コンパスと定規による測定術教則』という本で，序文には「絵師だけじゃなくて，家具職人とかそういう職人のために私はこれを書いた」とあります．画家や職人のための数学書です．その他にも『人体均衡論』という人体の美を探究した彼の本が死後に出ていますが，これもドイツ語で書かれています．そういうふうに，彼は自分のやっている絵画の仕事を理論化して，積極的に公開した．だから，16 世紀文化革命の最初の人はこのデューラーだと思うんです．

同じ頃にドイツでは，パラケルススという医者も出ています．この人はずっと従軍外科医で，ヨーロッパ中を転戦してまわっているんですね．従軍外科医というのは，その当時はいちばん蔑まれていたんです．当時の大学を出た医者というのは，もう王侯貴族か大金持ちか都市の有力者しか診ないわけであって，民間の医療は理髪師とか，田舎だったら産婆さんや土地の古老とか，はては呪術師とか，そういう人が現実に担っていました．あるいはパラケルスス自身が書いていますが，職人の間では職種ごとにいろんな治療法が伝えられていました．鋳掛け屋は出血したときにどう止血するとかね．パラケルススはヨーロッパ中を遍歴する過程でそれらの伝承を丹念に聞き歩いて，『大外科学』

というドイツ語の本に書いています．これは1536年に出たんですけど，ドイツ語の医学書としてはきわめて初期のものです．パラケルススはまた，鉱山地帯に入って鉱山労働者の労働や生活をつぶさに観察して，鉱山労働者が罹っている病気を発見して坑夫病と名づけました．これは職業病の初めての発見です．いまの言葉でいうと，塵肺と鉱毒ですね．それを発見して，その病状を記したドイツ語の本を書き，「この病気についてはいままでどんな本にも書かれていなかった」とはっきり言っています．

同じようにフランス人のアンブロワーズ・パレという従軍外科医がいて，同じようなことをやっています．この人も大学とは無関係で，理髪師のギルドで育った人でした．従軍外科医だから，いろんな傷の兵士を手当てすることになります．あるとき大火傷したのがいて，火傷の薬を探していると，たまたまそこに田舎の婆さんがいて，「そういうときは生のタマネギがよろしい．生のタマネギをあてがうと，水腫れしない」と言ったのです．そこから先が科学的だったんですよ．そこでパレはやけどの半分に生のタマネギをあてがって（笑い），残り半分にこれまでの薬を塗って，次の日，見てみたら，タマネギをあてがったところは本当に水腫れしてなかった．それでもまだ納得しなくて，もういっぺん大火傷した患者が訪れたときに同じことをやってみたら，やはりタマネギをあてたところだけ水腫れしてない．それでやっとその治療法を使いはじめて，そのことをフランス語の本に書いています．パレは，大学にいる学者先生が一顧だにしないような民衆のなかの知恵を馬鹿にしないで，かといって鵜呑みにするのでもなく，ちゃんと科学的な態度で対照実験みたいなことを反復してやってみて，自分で納得して本に書いているのです．

16 世紀には，一方では銃火器の使用が拡大し，他方で貨幣経済の発展にともない流通貨幣が増加したことで特徴づけられますが，そのことで技術的にものすごく発達したのは鉱山業なんです．ここでもイタリア人のヴァンノッキオ・ビリングッチョという人が出ています．製鉄所や弾薬工場で働いた，大学教育とは縁のない人ですけれども，1540 年に鉱山業・冶金業全般についての本を初めてイタリア語で書いています．その頃，高温の炉をつくれるようになって，鉄の鋳造が可能になったわけですね．フイゴで強力な送風装置をつくって，うんと高温の炉をつくり，それで鉄を大量に溶かして鋳型に流し込むという技術が 16 世紀の前半にできたわけです．当時の最先端技術で，それをビリングッチョはイタリア語で書いて出版しています．

職人や技術者の手になる技術書の出版は，製鉄にかぎらず，試金や陶芸や染色等においても見られますが，そのことは，それまでのギルド内部の徒弟修業で伝承され門外不出とされ隠されてきた技術が公開されはじめたことを意味しています．生産活動がそれだけ拡大していたのですね．

16 世紀の後半になると，イギリス人のロバート・ノーマンという船乗りあがりの航海用器具の製造職人が，磁針の伏角(ふっかく)という現象を発見しました．コンパスの針を磁石でこすると北を指しますが，ただ北を指すだけじゃなくて，ちょっと下を向く．そのことを発見したんです．それは磁針の偏角，つまり針が真北を指さずにちょっと東か西にずれるというのとならぶ発見であって，それが地球磁場の理解を深めて，やがて1600年に地球が大きな磁石であるというギルバートの大発見をもたらすのです．その伏角の発見をノーマンは『新しい引力』という英語の本に書いて出版しています．1581年のことです．

ヨーロッパで航海に磁針——コンパス——が使われだしたのは12世紀頃らしいんですけれども，偏角は15世紀頃に発見されています．それは日時計の製造職人が発見したらしいんですが，ただ，それは無名の職人です．誰が，いつ発見したのかわかっていません．職人の発見とか発明というのは本来，そういうものだったわけで，職人の技術には大発見，大発明がいっぱいあるんだけど，大抵は誰がやったかわからない．技術者が初めて自分の発見を「これは新しい発見だ」と表明し，そのことを自分の言葉で書いて本にして出したのが，このノーマンなんですね．そういう意味でこの『新しい引力』というのは画期的な本です．

それだけじゃなく，ノーマンは自然研究の指針と準則として「経験と理性」をあげ，実験もし，さらにこういうことを書いているんですね．「われわれ職人がこういうことを書くと，大学の先生たちは，〈おまえたちは数学も知らないから，そんなことはわかっていないはずだ〉と言うけれども，実際にはわが国の職人や技術者はいろいろ勉強している．ラテン語を知らないからといって馬鹿にしないでもらいたい．こういう問題に関しては，われわれのほうがよく知っている場合だってあるんだ」と胸を張って堂々と語っています．

そして，その1年前の1580年には，フランスでベルナール・パリッシーという陶工がやはりフランス語で本を書いているんです．もともとはガラス職人だったのですが，焼物の釉薬（うわぐすり）を研究して，そこから地質学の研究に入っていった人物です．その人も「人がたとえ哲学者のラテン語の書物を読まなかったとしても，自然の働きを十分よく理解し論ずることができるということを私は言いたい．なぜならば，多くの哲学者たちの，そして最も有名な古代人の理論がいくつも間違っていることを，私は実験によって証明しているからである」と書いています．

職人たちによる装置を用いた実験とそれにもとづく技術研究，そして俗語書籍の執筆による技術の公開というこの一連の動きが「16世紀文化革命」の実相であり，それが，当時の大学でおこなわれていた文書偏重の知と論証にもとづく学問にとって代わる，経験重視の知と実験にもとづく科学の形成を促したと僕は思っています．

知の世界を支配していた古代信仰

ヨーロッパで本当の意味で学問らしい学問が始まったのは12世紀です．いわゆる「12世紀ルネサンス」です．西ローマ帝国が崩壊したことによって，古代のギリシャ，ローマの学問は，中世前期の西ヨーロッパには事実上伝わらなかったのです．それはビザンティン社会とイスラム社会に伝えられたのであって，西ヨーロッパに伝えられたのはキリスト教だけでした．

それにたいして，イスラム社会は，9世紀に，バクダッドに「知恵の館」というのを造って，貪欲にインドの数学や天文学，ギリシャの哲学や医学をアラビア語に訳して勉強し吸収してゆきました．その後イスラムの社会は発展し，ものすごく広がって，地中海全域，イベリア半島，イタリア半島の南半分，シチリア島全部を支配下に収めるぐらいになります．当時は，文化的にも技術的にもそして経済的にもイスラム社会のほうが圧倒的に上でした．たとえばイベリア半島の水利工事なんて，全部イスラムの人たちがやっている．いろんな植物の品種改良や，ミツバチを飼う技術なんかも開発している．びっくりしたのは，戦争で伝書鳩を使っていることです．情報伝達が軍事にいかに大事かというのを知っていたんですね．

それだけじゃなくて，イスラム社会は宗教的にも寛容な社会でした．キリスト教徒もユダヤ教徒もちゃんと存在が認められていて，特別の税金だけ払っていれば，布教活動をしないという条件で共存を許されていたのです．だからキリスト教徒はイスラム社会と接触し，その経済力と文化の高さに度肝を抜かれて，イスラムの科学を勉強しました．そこからヨーロッパは古代ギリシャの哲学に行き当たって，12世紀にそれをものすごい勢いで翻訳してゆきます．その中心がアリストテレスの著作だったわけです．

それまでのキリスト教の自然観というのは単純で，要するに天地創造と最後の審判ですから，世界は，初めに神様によって創られ，いつか終わるわけです．途中の自然現象も全部神様の恣意にゆだねられているのであって，法則的なものではありません．それにたいしてアリストテレスの自然の見方はまったく違います．「自然はおのずと存在していて，自分の内在的原理にのっとって動いている．だから世界には初めも終わりもないし，合理的に自然を捉えることができるはずである」．この思想はやはりヨーロッパ人にとっては衝撃的だったと思います．

もうひとつ，もっと重要なのは，キリスト教中世にはアウグスティヌスといったローマ帝国末期の思想家が大きな影響力をもっていたのですけれど，彼は，自然を勉強するのはもっぱら信仰のためであって，それを超えたことをやってはいけない，つまり，聖書を理解するために勉強するのであって，単に知的好奇心を満足させるための勉強なんていけない，それは「目の欲」であって，肉体的な欲望のひとつだから克己すべきである，というようなことを言っています．それにたいしてアリストテレスは，『形而上学』の冒頭，本当の１行目でこう書いています．「すべての人間は生まれつき知ることを欲する．感覚はその効用を抜きにしても，すでに感覚することのゆえに愛好される．そのうちでことに愛好されるのが目によるそれである」．つまり「目の欲望はよろしい」と言っちゃったわけですよ．知的好奇心を全面的に肯定したわけですね．

だから本当はアリストテレスの哲学はキリスト教とは相容れないはずで，アリストテレスの学問は初めは弾圧されていたんです．しかしやがてトマス・アクィナスという人が出てきて，うまいことキリスト教のなかに取り込んで，14 世紀にはキリスト教公認の理論になります．もともと哲学と宗教は違うものだし，キリスト教の信仰とアリストテレスの哲学はぜんぜん違うもので，そんなものをひとまとめにすることはできないはずなんだけども，キリスト教はアリストテレス哲学を受け容れました．そうしてできたのがスコラ哲学つまり学校哲学で，それは中世後期のヨーロッパの大学で教えられることになります．

中世ヨーロッパにおける古代ギリシャ哲学の受け容れは，もちろんアリストテレスの学問の壮大さにもよるけれども，それと同時に，そのときにヨーロッパ人の深層心理にあったのは「昔の人はえらい」「昔の知恵はすごい」という古代崇拝なんですね．

トマス・アクィナスの同時代にロジャー・ベーコンという人がいました．早くにアリストテレスを受け容れた哲学者です．この人物は，次のように言っています．神授の知恵，神様が太古の賢者に与えた知恵は，ひそかに語り継がれている．だからそういう知恵を見出して正しく理解すれば，おのずとキリスト教に達するはずである．それゆえ古代ギリシャの哲学とキリスト教の教義が矛盾することはない．そしてアリストテレスが偉いのは，その太古の知恵の一端を明るみに出したからであるというんですね．そこにあるのは，ちょっとわれわれの理解を超えた一種の古代信仰なんです．

この古代崇拝は 15 世紀頃まで見られます．15 世紀にいわゆるルネサンスで人文主義者が登場して，中世に対置したのは，古代ローマの共和制，あるいは古代ギリシャの民主制都市国家でした．彼らは，キリスト教以前に本当に良い社会と優れた学問があったといって，ヨーロッパ各地の修道院なんかに埋もれている古代文書を発掘して歩くわけです．その根底にある発想は，やはり「古いものほど正しいことが書いてあるはずだ」，泉は出だしがいちばん清らかで，だんだん濁ってくるのと同じで，学問もいちばん初めがいちばんよいものだという思い込みです．

われわれの進歩史観とはぜんぜん違う真逆の歴史観，言うならば退歩史観があったんですね．

そういうふうな古代信仰・古代崇拝みたいなものを，職人たちの仕事は，経験を対置することによって無くしていったと思うんです．

大航海時代がもたらした衝撃

そういう古代信仰・古代崇拝を打ち破ったいまひとつは，やはりコロンブスとそれ以降の大航海時代の経験だったと思います．コロンブスが 1492 年に大西洋を越えて西インド諸島に渡り，98 年にヴァスコ・ダ・ガマがアフリカ大陸の南端をまわってインドに到達する．マゼランの一行が地球を一周して1522年に帰ってくる．そんなふうにして，地球全体の様子がわかってくると，古代の学者の言っていたことはことごとく間違っていたとわかってくるわけです．古代ギリシャのアリストテレスから古代ローマ帝国で浩瀚な『博物誌』を書き残したプリニウスにいたるまで，みんなが言っていたのは「熱帯は暑くて焼け焦げて人が住めない．大きな海があるから地球の反対側には行けない」ということでした．この2点は中世を通してずっと語り継がれてきました．それが間違いだとわかったのです．

その影響が出てくるのが16世紀の半ば頃です．コロンブスの出航からちょうど50年の1542年に，ジャン・フェルネルというフランス人がこう書いています．「この私たちの時代は，いかなる点でもおのれを卑下するに及ばず，古代人の知識にためいきをつく必要もない．哲学はすべての領域で古代人を凌駕している．私たちの時代は古代人が想像すらしなかった事柄をなしとげている．大洋は，勇敢なわれらが時代の船乗りたちによって乗り越えられた」．かつてプラトンやアリストテレスやプトレマイオスが語った知識は間違っていた，彼らの知らなかったことを俺たちは知った．胸を張ろうじゃないかと言っているんですね．

あるいは1572年に書かれたポルトガルの民族的な叙事詩『ウズ・ルジアダス』に，こんな一節があります．アフリカ大陸南端の喜望峰はその頃「嵐が崎」と言われていたんですけど，それに託して「わしはおまえらが嵐が崎と呼ぶ，あの世に隠れた大きな岬だ．プトレマイオス，ポンポニウス，ストラボン，プリニウス，およそ古人はわしのことを知らなんだ」．昔の人たちは喜望峰なんて知らなかったじゃないかと言っているのです．

1580年には，フランスのミッシェル・モンテーニュがもっとはっきりと言ってます．「偉大な人物であったプトレマイオスは世界に限界を定めたし，古代のあらゆる哲学者は，自分の知識の及ばない幾つかの遠い島々を除いて，世界を隅々まで測り終えたと考えた．ところが今世紀になって，ひとつの島とかひとつの地域とかいうものでなく，われわれの知っている大陸とほとんど同じぐらい，果てもなく大きな大陸が発見されたではないか」．だからキケロがどう言った，アリストテレスがこう言ったなんていうことにこだわるのはあんまり意味がないというわけです．

こうして古代信仰というのは崩れていったと思うんです．大学の先生がいくらアリストテレスがこうこう言っているといっても，職人たちが胸を張って「いや，そんなことには間違いもあるんだ」と言うようになった背景には，古代信仰の動揺と崩壊ということがあったと思います．

たとえば，さっき言ったパラケルススは，バーゼル大学に講義に行って，大学の先生や教育をぼろくそに言っています．当時の医学部の教育というのは，古代ローマ帝国の医師ガレノスとか古代ギリシャの医療の本を読んでいるだけなんですよ．「ガレノスがどう言っているか」を文献の中に探すだけでした．それにたいしてパラケルススは，そんなことやっても役に立たない，医学の教育は臨床の経験にもとづいてやらなきゃいけない，医療というのは現場の患者さんとの治療の実践のなかから学んでいかなきゃいけない，そっちのほうがよっぽど大事なんだということを言っているわけです．

古代人の誤りの指摘は地理学だけじゃなく，医学を含めてあらゆる領域で出てきたのです．

民衆の学問を阻んだラテン語の壁

もうひとつ重要なことは，これらの職人たちの本が大学と教会で専一的に使われている学問言語・宗教言語としてのラテン語によってではなく，職人たちが日常使っている言葉としての俗語で書かれたということです．

ヨーロッパの始まりは，カエサルが紀元前50年にガリアを征服したときです．ガリアというのは古代ヨーロッパの，ローマ人がガリア人と呼んでいたケルト人の住んでいた地域です．ローマの支配下に入ると，もちろんローマ人はラテン語を使っているわけで，土地の言葉，ゴール語というのはみるみる消えていったみたいです．その後，ローマ帝国は崩壊したけれども，ラテン語とキリスト教は生き延びました．

キリスト教はヨーロッパに布教活動を進めていくなかで，真っ先に支配階級と結びついていくんですね．王様とか権力者を中心に教化活動は進められました．だから中世のキリスト教は支配エリートの宗教だったわけです．そして宣教師と支配階級のごく一部だけがラテン語による文字文化，書き言葉をもっていました．民衆には話し言葉しかありませんでした．

そうやって 800 年か 900 年経つと，いつの間にか民衆の話し言葉は，書き言葉として残されたラテン語とは，ずれてきたわけです．813 年のトゥールの宗教会議では「民衆に説教するときには粗野なロマンス語か民衆の言葉でやりなさい」と決めている．ロマンス語というのはラテン語から変化していったフランス語とかスペイン語の前身で，民衆の言葉というのはフランク族の言葉，後にドイツ語とかオランダ語になる言葉です．要するに聖職者の扱うラテン語は，民衆にはもう理解できなくなっていたのです．

7 世紀にセビリアのイシドルスという人が『語源論』という本を書いています．それは，言葉の説明と語源が書いてある，言葉の百科事典みたいな本です．そこに「バルバルス（barbarus）」，つまり「野蛮人」の定義に何と書いてあるかというと「野蛮人というのは純粋のラテン語を知らない人間のことである」とあります．だからヨーロッパの支配階級から見たとき，もちろんバイキングとか，スラブの民とか，オスマントルコとかは全部「野蛮人」ですが，それだけじゃなくて，ヨーロッパの民衆もやはり「野蛮人」なんです．

それが 12 世紀頃になると，商業が発達して都市ができて，商人たちが力をつけてきますが，商業が複雑化し遠隔地との取引が増えてくると契約や通信の文書化が必要になり，彼らは俗語を書き言葉に使うようになってくる．行政機構も複雑になってきて，行政にいろんな文書が要るようになってくると，そこでも俗語が書き言葉に使われるようになります．そしてまた『ローランの歌』とか『トリスタンとイゾルデ』とか『ペルスヴァル』とかの俗語文学というのもその頃できているんですね．こうして文字文化が聖職者の独占物であった時代は終わります．

しかしそれでも，学問の言語はやはりラテン語でした．

同じ頃に，さっき言ったように，イスラム社会から科学と哲学をヨーロッパは仕入れていったわけです．ヨーロッパはそこから学問を始めました．そのために大学もつくられました．やる気のあるやつは，翻訳センターみたいになっていたイベリア半島のトレドやシチリアのパレルモに行きました．フランス人も，ドイツ人も，イタリア人も，イギリス人もみんな行って，一生懸命ギリシャ語とかアラビア語を勉強して，翻訳しました．ただそのさい，全部ラテン語に翻訳したのであって，イギリス人だから英語に翻訳する，フランス人だからフランス語に翻訳するということは絶対しなかったのです．当時の唯一の学問用語はラテン語だったし，ラテン語で書いているかぎり，ヨーロッパ全域にわたる流通性は確保されていたからです．それに俗語では厳密な学問を正確に表現することはできないと信じられていたこともあります．

本来なら民族とか風習が地域ごとにばらばらに違って

いる中世のヨーロッパをひとまとめに「ヨーロッパ」として括れるのは，ラテン語とキリスト教の存在があったからです．ラテン語が学問と宗教の用語としては唯一の公用語で，ヨーロッパ全域で学問の流通を保証していました．

しかし学問世界におけるラテン語使用は，同時に民衆が学問に立ち入ることを拒否するための障壁でもあったのです．俗語だって識字率は低かったわけであって，ましてやラテン語を知っているとなると，ごくわずかしかいませんでした．学問世界は大多数の民衆つまり「野蛮人」の侵入をラテン語の専一的使用により阻んでいたのです．

それともうひとつ，俗語は卑しい言葉だと見られていたことがあります．俗語というのは，英語でバナキュラー，フランス語でベルナキュレール，イタリア語でベルナクロと言って，その「ベルナ（verna）」というのはラテン語で，家で育った奴隷のことを言うんですね．家で育った奴隷というのは，同じ生活をしているのに違う言葉を喋っている．そういう下賤な言葉が俗語なんですね．

たとえば宗教改革の口火を切ったドイツの神学者マルティン・ルターは，聖書を唯一の規範的な権威として認めているわけですから，自分で聖書を読みなさい，神の御言葉と直接対峙しなさいと主張するわけです．そのためには，当然，民衆が読める聖書がなきゃいけないから，ルターは自分で聖書を俗語（ザクセン官庁語）に訳しました．さらに大衆に訴えかけるために俗語で文章を書いています．そのルターの使ったザクセン官庁語が洗練され，やがて近代標準ドイツ語に昇華されてゆきます．そのルターがこういうことを言っているんですね．「私は無知な俗衆のために俗語で執筆するけれども，しかし赤面することはない」．つまりその当時，知的エリートとしてのインテリにとって俗語で書くというのは，普通では赤面するほど恥ずかしいこと，沽券に関わることだったようです．

学問世界はそういう卑しい俗語を使わないことによって，学問というのは特別に選ばれた人だけのものだという，ヨーロッパのずっと昔からある通念を守ってきたわけです．俗語の使用というのは，その流れにたいして反旗を翻すということになります．とくに，神学や医学の世界は教会や大学という権威が存在するから，その世界で俗語を使って書くというのは権威に刃向かうことであり，大変なことだったみたいですね．

そもそも宗教の世界では，俗語を使うということはもうほとんど異端と同義なんです．12 世紀から 13 世紀のワルド派というのは，リヨンの商人のピエール・ワルドという人がフランス語（プロバンス語）に訳した聖書を読んで回心し，家を捨て，清貧の生活を説き，民衆の支持を集めるところから始まった運動で，異端として弾圧されたのですけれども，その審問官がワルド派の信者にいちばん最初にする質問は「おまえはフランス語に訳した聖書の一部を読んだことがあるか」でした．それを読むこと自体が罪なわけです．

イギリスでも，ウィリアム・ティンダルが 16 世紀に聖書を英語に訳したけれども，そのあと大陸に亡命して，最後は殺されています．1543 年のイギリスの条例に「女性，職人，徒弟，移動労働者，自作農以下の階層の奉公人，農夫，人夫は英語の聖書を読むことを禁ずる」というのがあります．もちろんこのような人たちは，ラテン語は読めないから，聖書を読むこと自体が罪だったのであり，宗教の世界での俗語使用は，そのこと自体が権力から危険視されていたのです．

宗教の世界だけでなく，学問の世界でもやはりそうでした．さっき言ったように，医学の世界には，大学医学部という権威があるわけです．イギリスにはオックスフォードとケンブリッジ出身の医者がつくっている王立医師協会という組織があって，それが睨みを利かせているわけです．

そのイギリスにトマス・エリオットという英語主義者がいました．貴族ですが大学なんか行かずに，自宅で勉強した人です．イギリスには 16 世紀の早いうちから，英語を大事にしよう，英語を豊かにしようという動きがあったみたいで，エリオットもそういう思想の持ち主でした．それで 1534 年に『健康の城』という医学の本を英語で書いているんですが，そこにこういうことを書いています．「私が医学を英語で書いたことに，医師たちが立腹しているとすれば，こう申し上げたい．ギリシャ人はギリシャ語で書き，ローマ人はラテン語で書いたではないか」．

同じ頃にケンブリッジを出た医師ウィリアム・ターナーが薬草の本を英語で書いたんですが，やはりこう書いています.「これほど多くの医学知識を英語で公表することは,私が職業としている技の名誉に反することであり,公共の利益に反することである,というのも,こんなことをすれば,すべての者,いや,すべての老婆までが医学を用いることになるであろう,と人は咎める」.選ばれた医師だけに許される医学の知識を,英語で書いたことによって民衆に明らかにしてしまったこと自体が罪であり,いけないと非難されていたのです.

フランスでも同じで,16世紀中期にアンブロワーズ・パレがフランス語で医学書を書いたとき,やはりパリ大学の教授たちから激しく攻撃されています.

俗語で書くというのは,教会組織による教義の独占やそれまでの排他的な学問観からの脱却であり,端的に宗教と学問を公衆に開かれたものにするという動きだったわけで,それゆえにこそ大変なこと,支配体制に反逆することだったのです.

俗語の使用が学問を開放する

1581年に,オランダの北部7州が独立宣言を発して,スペイン・ハプスブルク帝国からの独立を果たします.当時,スペインはいまのアメリカみたいなグローバル国家でした.圧倒的な海軍力を擁して,世界中に領土をもつケタ違いにでかくて強い国だったわけです.そのスペインは,ごりごりのカトリックの国で,ローマの法王庁の後ろ楯になっていました.イギリスとかオランダの宗教改革は,政治的にはスペインと法王庁からの独立運動なんです．英国国教会を確立させたヘンリー８世にしろエリザベス１世にしろ，おそらく本音では宗教の問題は二義的で，国家権力の上に法王庁の権力があること，王の権力の及ばない領域が国内にあることが，なによりも許せなかったんでしょうね．

そうやって独立したときのオランダ共和国軍に，軍事技術者のシモン・ステヴィンという人がいたんですが，多才な人で実にいろんなことをやっています．物理でいうと，斜面上に物体があるときに働く重力が斜面成分だけしか利かないという，いわゆる「力の平行四辺形の法則」を発見した人物です．その他に十進法の小数を導入したことでも知られています．

他にも，こういうことをやっています．アリストテレスの力学では重いものほど速く落ちる，10 倍重いものは 10 倍速く，だから 10 分の１の時間で落ちると言われていました．それにたいして，ステヴィンは，ある重さの鉛の球とそれより 10 倍重い鉛の球を同時に板の上に落としてみた．そうしたら，ゴツンという音がいっぺんしか聞こえなかった．つまり同時に落ちている．こうしてステヴィンは，具体的な実験でアリストテレスの間違いをはっきり証明したのです．ガリレイがピサの斜塔でこれと同じ実験をしたという話があるけれど，ガリレイが実際に実験をやったという記録はないし，やったにしても，ガリレイがピサにいたのは，ステヴィンがそれを言った 1586 年より後なんですね．いちばん早くにアリストテレスの間違いを現実の実験で示したのは，このステヴィンなんです．

この人もやはり，オランダ語で本を書いています．オランダ語で書いたわけは，半分は，新生オランダ共和国軍のエンジニアということで，ナショナリズムの意識があったと思うんですが，単にそれだけじゃない．科学は大勢の人の共同作業としてやらなきゃいけない．そのためには自国語で教育されなきゃいけない．彼はそう考えて，そのことを天体観測の例に即して，いろいろ言っているんです．

そこで対象になっているのは，同世代のティコ・ブラーエというデンマークの貴族の天文学者です．ティコの天体観測は，天文学者ヨハネス・ケプラーがケプラーの法則を導いたもとになったものです．精度の点でも当時の肉眼でできる限界を追求したものだったし，継続性の点でも，それまでの天体観測が特別なときしかやらない散発的なものだったのとちがって，天候が許すかぎり毎日欠かさず何十年も続けてやっている，画期的な観測なんですね．

それにたいしてステヴィンが言っているのは，それはティコが大金持ちの封建貴族で何人もの弟子を抱えていたからできたんだということです．普通の市民のできることではない．普通の人間の場合，一人ではそういう観測はできない．したがって大勢の共同作業でやらなきゃいけない．

それに，いろんな人の観測があって初めて比較ができ，結果の正否を判定できる．たった一人がやっても比較しようがないし，そのうえ，一人でそういうことをやった人はその成果を公表しない．実際にティコ・ブラーエにとって，観測結果というのは大事な私有財産であって，みだりに人に見せないんですね．ケプラーがティコに弟子入りしたときもなかなか見せてくれない．ケプラーは「ティコはケチで見せてくれない」と知人にこぼしています．一人でやるとそういうふうに秘匿する，私有財産として抱え込む，それじゃいけない，観測の結果はみんなに知らせなきゃいけないし，そのためには俗語で，自国語で書かなきゃいけない．そう考えて，ステヴィンは一生懸命オランダ語で本を書いたのです．

そういうふうに自国語を使うという運動が，16 世紀に一斉に出てきたのです．

秘匿された知から公開の知へ

そこから国語の形成が始まります．その背景は二つ考えられます．

ひとつは宗教改革．さっき言ったように，ルターは聖書をドイツ語に訳しました．同様に，カルヴァンのいとこのピエール・オリヴェタンという人はフランス語に訳しました．ルターは，ドイツにいくつもあった方言の中から有力なものを選び，それをドイツの誰もが読めるように整備することで書き言葉としてのドイツ語の形成に貢献し，結果的に標準ドイツ語をつくる動きをすすめていくわけです．どこの国でも宗教改革は，民衆が聖書を直接読めるようにするということで，俗語とされていた地域言語のうちの有力言語を標準語化して国語へと高めていったのです.

もうひとつは, 印刷書籍がちょうどその頃登場したことです. はじめにデューラーのことを言いましたけども, デューラーが生まれ育ったニュールンベルクは15世紀後半の書籍出版の中心地です. そこで育っているから, デューラーは本の威力を知っていたんですね.

グーテンベルクの有名な『四二行聖書』が印刷されたのは1455年ぐらいで, はじめのうちは, 印刷本は中世の写本の延長線上でした. 中世の写本というのはほとんどがラテン語で, 大量生産を意識しない一冊ずつ手書きで作られる貴重品で, もうほとんど美術品なんです. グーテンベルクはそれに負けないように, きれいな本を作りました. 「印刷でも手書きに負けないぐらいきれいなのができる」というのが初めのうちはセールス・ポイントだったわけです.

しかしそのうちに, 大量生産こそが印刷の本当の力ではないのか, 写本を真似するんだったら写本でいいじゃないか, 大量に作れるからこそ印刷は意味があるんだということがわかってきました. それにそもそもが, 印刷出版業は当初から営利事業でした. そうなると, ラテン語の本を作っても売れる数はたかが知れている. 俗語の本のほうがはるかに多く売れる. そのため俗語書籍の出版が促進され, その結果として俗語の書き言葉化が進み, 同時に, できるだけ広い範囲に売りたいから, 各国で有力方言が選ばれ, そのスペリングとかも統一され, 文法も整備されてゆく.

そういうふうにして，印刷書籍によって俗語，とくに有力方言の標準語化，つまり国語化がすすめられたのです．それが 1530 年ぐらいからです．ちょうど職人たちが発信し始めるのと同じ頃ですね．

ちなみに，新しく生まれた印刷書籍にたいして，カトリックは，それが異端をはびこらせるという懸念から抑圧的なさらには禁制的な態度だったのですが，逆にプロテスタントは積極的に利用しました．ルターの講話は印刷業者がすぐさま自発的にパンフレットにして出版し，地方に届けたのです．印刷業のような新興企業の経営者にはプロテスタントが多く，ドイツにおけるプロテスタントの勝利に印刷は大きく寄与しています．

この二つ，宗教改革と印刷書籍の登場を背景にして，俗語の国語化がすすみ，大学の外で職人たちが自分たちの言葉で，自分たちの研究を発表する地盤が形成されていったのです．私の言う「16 世紀文化革命」の背景です．そしてそれが知識の秘匿体質を打ち砕いていく原動力になったと思うんです．実際には，学問が本当に公共化されるにはそれから 200 年かかっていますけどね．

イタリアのパオロ・ロッシという人の書いた本『魔術から科学へ』を読んだら，「そういう秘匿体質と公共性というのは魔術と科学の違いなんだ」と言っています．「魔術とか錬金術は特別に選ばれた人だけに明らかにされる秘伝であって，それは科学の対極にある」と．だけど，僕はそうじゃないと思う．魔術であろうが，科学であろうが，錬金術であろうが，技術であろうが，中世には全部に秘匿体質があったんです．大学で教えられる神聖な学問にせよ，ギルドに伝承されている門外不出の秘伝にせよ，特別に選ばれた人にしか教えてはいけないという暗黙のしばりがありました．それが近代になって打ち破られたのです．だからロッシの言っているのはちょっとずれているんじゃないでしょうか．魔術と科学を分けるのがではなく，近代以前の知のあり方と近代以降の知のあり方を分けるのが，秘匿体質と公共性なんだと思うんです．

実際にはフランス革命以降になって，学問というものは本当にみんなに公開されるべきものであって，誰でも能力さえあれば勉強でき習得できるものにしなきゃいけないという思想が定着していったと思うんです．

ただ，そのことを最初に明らかにし，実践していったのは16世紀の職人たちであったので，その一連の動きと変化が僕の言っている「16世紀文化革命」ということなんです．これは本当に僕の造語で，まだ仮説なんですけれども，暇があったらもう少し勉強して裏付けていきたいと思っています．

わざわざ来てもらったのに，いまいち締まりのない話だったかもしれませんが，どうもありがとうございました．

（大佛次郎賞受賞記念講演，『論座』2004年5月号）

6. 「ルネサンス」と「16世紀文化革命」

4年前の著書『磁力と重力の発見』の「あとがき」で私は，17世紀以降の近代物理学の学説史や思想史というそれまでの「ホーム・グラウンド」での仕事から古代・中世の自然思想史という「アウェー」に越境したことを，「無免許運転にも等しい無謀な試み」だったと白状しておいた．しかし，無免許にもかかわらずさほど大きな事故も起こさず走りぬけたからというわけではないが，今回上梓した『一六世紀文化革命』は，「ホーム」としての物理学からさらに一層遠ざかるものとなった．

それというのも，前著を執筆している過程で痛切に感じたことであるが，これまでの科学史が16世紀に生じた事態の全容を十全に捉えることにも，正当に評価することにも成功していないという思いからであった．

この点で，たとえば雑誌『現代思想』の「レオナルド・ダ・ヴィンチ」特集号の対談で科学史家の伊東俊太郎氏と美術史家の若桑みどり氏のあいだで交わされたルネサンスをめぐるつぎのやり取りは，示唆的で興味深い．

伊東　哲学史とか科学史，法制史の領域では，ぼくは12世紀ルネサンスのほうがずっと重要だと思う．

若桑　そうですね．それから次の大変な変化は17世紀まで，だから15, 6世紀というものは，まったく新しい改革というものはないわけですね．

伊東　そうなんですね．ルネサンスの科学てよくいうけど，科学史的にルネサンスを言うと，理論で第一級のものはコペルニクスの体系くらいなんですね．

若桑　ぱっととんでますね．

伊東　12世紀にアラビアから新しい知識が入り，14世紀にひとつのピークを示し，そのあと17世紀にいってしまう．　　　　（『現代思想』1974年7月号）

「ルネサンス」という眼鏡では科学史は見えないのか．理論のみに着目することの弊害なのか．

しかし他方で伊東氏は，著書『文明における科学』に収録されている論考では「1450年から1600年までの時代を指すもの」としての「ルネサンス」について，上記の対談と同様に「科学史的には，一つの頂点から下降し，もう一つの頂点に上昇するあいだのanticlimaxと言えないこともない」と語ったのち，つぎのように続けている：

　ルネサンスの時代に，とりわけ斬新な科学理論の創出が多くみられなかったとしても，むしろこの芸術と科学の接点において生起した新しい知的態度の形成というものがきわめて大きな意味をもち，これが後の〈科学革命〉につらなる大きな転換を可能ならしめたと言える．……科学史におけるルネサンスの真の意義は……このような新しい芸術家＝技術者の実践と結びついた，世界に対する知的態度の根本的な変質にあった．

この論考を先の対談とあわせて読むと，16 世紀には，のちの世紀に〈近代科学〉という華々しい成果を生み出すことになる知的態度の変化が，表立っては見えないものの社会の深層で兆し育まれていたことが，おぼろげに浮かび上がってくる．しかしそれとともに，この二つの文書のかもし出すちぐはぐな印象は，この時代の科学や技術を語るにあたっての「ルネサンス」という概念の収まりの悪さ，端的に不具合を感じさせる．実際，科学史と技術史には「ルネサンス」という枠組みでは，零れ落ちるとまではゆかなくとも無理にそこに嵌め込むと歪められ本質が見えなくなる事実がいくつもあるようだ．

たとえばルネサンス研究の嚆矢となったブルクハルトの『イタリア・ルネサンスの文化』には「一五世紀末にはイタリアは，パオロ・トスカネリ，ルカ・パチョリおよびレオナルド・ダ・ヴィンチを擁して，数学と自然科学においてはまったく並ぶもののない，ヨーロッパ第一の国になっていた」とある．さて，その実相はどうだったのだろう．

実際には，レオナルドの数学研究は，パチョリの幾何学書執筆を手伝ったことをのぞいて，その大部分は自分のノートに書き付けられただけのもので，当時はほとんど知られていなかったし，その内容も必ずしも独創的なものとは言えない．トスカネリの天文学と地理学も，彗星の観測および地球の大きさを過小に見積もっていたことでコロンブスに影響を与えたというエピソードを別にすれば，それほど評価できるものではない．

特筆すべきはパチョリである．たしかに15世紀末に出版されたパチョリの『算術大全』（1494）は，「16世紀数学革命」と言われるイタリア代数学の発展に絶大な影響を与えた．しかしその内実はイタリアにおける商業数学——理論（teoria）というよりは実技（pratica）としての数学——の集大成であり，パチョリ自身も商業の実務で数学を身につけたと見られている．そもそも『算術大全』は商人や実務家のための数学書で，トスカーナ俗語で書かれている．実際，この『算術大全』の大きな意義のひとつは，ヴェネツィアの商人が編み出した複式簿記を初めて印刷出版したことにある．

他方で，フィレンツェ・ルネサンスの輝く星ピコ・デラ・ミランドラは，「初期ルネサンス思想のもっとも広く知られた文書」（クリステラー）と言われる同時期の『人間の尊厳について』（1486）において，プラトンの語った尊ぶべき「神的な算術（divina arithmetica）」を「近頃では商人たちが精通している術」としての「商人の算術（mercatoria arithmetica）」と混同しないようにと，強調し警告している．学識ある貴族のピコにとって，パチョリの書いた数学など，およそ学ぶに値するものではなかったのだ．

同様に，ドイツの画家アルブレヒト・デューラーが職人たちのために 1525 年にドイツ語で書いた幾何学書『測定術教則』は，ケプラーにも影響を与えたが，厳密に論理的なユークリッドの書とは相当に趣の異なる「大工の幾何学」の書であった．それもまた，アリストテレスが本質の探究とは無縁のものとして切り捨て，それまでの知的エリートが見向きもしなかった技芸（Kunst）なのである．

山川出版社の『世界史小事典』には，端的に「ルネサンスとは古典文化の復興運動のことであり，……」と記されているが，とするならば，パチョリやデューラーによる数学書の著述を「ルネサンス」運動の一環と見るのはいささか無理がある．中世技術史の研究者リン・ホワイト・ジュニアがいみじくも語っているように「科学と技術の歴史において，ルネサンスという観念がものごとを解釈するために有効とは思えない」のである（『一六世紀文化革命』p. 9）．

西ヨーロッパ社会では，ルネサンス期，とりわけ 16 世紀には，知的エリートである新プラトン主義者や人文主義者によって担われていたそれまでのラテン語文化とは別に，商人や職人によって新しい俗語文化が育まれていた．「無学な」手職人たち——外科医も美術家も当時は職人であった——が，おのれの技術や経験，ひいては自然にたいする新しい見方や接し方を自前の言語としての俗語でもって著述し公表しはじめたのである．しかもそれは，手仕事や俗語にたいする社会的な偏見や知識人からの蔑視に抗うことによってなされたのである．彼らが遭遇した抵抗の厳しさは，19 世紀になっても，ベルリン大学教授ヘルマン・フォン・ヘルムホルツの 12 歳年下の弟がギムナジウムを卒業した後に工業学校を志望したとき，古典語の教授であった父親やギムナジウムの教師が猛反対したというエピソードからうかがえるであろう．

こうして 16 世紀の職人たちは，ラテン語の壁で守られていた少数の聖職者やエリート知識人による知の独占に風穴をあけ，職人の手仕事を卑しいものと見る古代以来の偏見を掘り崩し，道具を使い装置を組み立ててする実験の有効性と重要性を突きだし，古代以来の文書偏重の学から経験重視の知への転換を促していった．それは 17 世紀の科学革命を準備する知の世界の大規模な地殻変動であり「文化革命」と規定するのに十分値する．

私が今回『一六世紀文化革命』でもって描いた事実の多くは，個別的にはこれまでに知られていたことである．絵画における遠近法やその他の技法の開発と画家や建築職人による幾何学書の執筆，大学アカデミズムの外部で教育された外科医の台頭，画家の協力による解剖学や植物学の図像表現，ギルド内部で培われ伝承されてきた鉱山業や冶金術・染色術等の秘伝の職人による開示，商業数学の発展としての 16 世紀数学革命，16 世紀の軍事革命とそれにともなう機械学・力学の勃興，遠洋航海の拡大にともなう地球認識の激変，そして天文学・地理学における数理技能者の活躍，といった事実である．

しかし，これらがおりからの印刷書籍の登場（印刷革命）と国民国家形成の主要な要素としての国語の形成（言語革命）を背景に，さらには大航海の経験による古代の権威の失墜を追い風にして，軌を一にして全面展開された事態は，巨大なひとつの「文化革命」と捉えることによってはじめて，科学史と文化史のなかにしかるべく位置づけられるように思われる．

たとえば「12 世紀ルネサンス」というような概念は，その概念を設定することで，そうでなければ無関連に見すごされていた諸事実や定かには見えてこなかった事態の全容が，明確に関連づけられ鮮明に浮き彫りにされることにおいて意味を持つのだと思う．同様の意味において「16 世紀文化革命」の概念も十分な有効性を持つのではないだろうか．

このようなあつかましい主張が，無免許運転者の暴走なのか，それともビギナーズ・ラックで鉱脈の末端を掘りあてたのか，その点の判断は読者の評価に委ねたいと思う．

2007 年 4 月 8 日

（『みすず』2007 年 5 月号）

7. 科学史の基本問題に取り組んで

私は予備校で物理学を教えるかたわら，科学思想史のようなものに首を突っ込んできました．そしてある時，近代科学は何故そして如何に西欧に生まれたのかという問いこそが科学史の基本問題であることに思い至り，以来，その問題に取り組んできました．三部作『磁力と重力の発見』『一六世紀文化革命』『世界の見方の転換』（みすず書房）はその問いにたいする私なりの回答であり，小著『小数と対数の発見』（日本評論社）はその副産物として三部作を補完し，もとの問題への回答を完結させるものであります．

古代以来，宇宙についての学には，論証の学である哲学としての宇宙論だけではなく，それと別に，観測天文学が存在していました．一方におけるアリストテレス宇宙論と他方におけるプトレマイオス天文学です．両者はよくひとまとめに語られますが，実は別のものです．

この古代の観測天文学は，主要には占星術のためのものではあれ，現代から見れば定量的な観測にもとづき数学的に論述される仮説検証型の学問として，もっぱら事物の本性をめぐる定義と論述と弁証にもとづく哲学的宇宙論よりはるかに優れていると思われます．しかし当時は，絶対確実と思われる第一原理から間違うことのない論証によって展開される哲学的自然学としての宇宙論こそが真理であるとして上位に置かれ，人為的で過ちの避けられない観測にもとづき事物の本性に触れることのない数学に依拠した技術的な天文学は下位に置かれていたのです．

近代科学は，この序列を転倒することで生まれました．地球中心の古代宇宙論の誤りを明らかにし太陽中心の世界像へと至る近代天文学の発展は，観測と計算にもとづく天文学が上位に置かれてゆく過程，つまり学的序列の下剋上だったのです．

そしてこの過程で，本来的に連続量である観測量の扱いのための数学が，もっぱら自然数に依拠する形而上学的な数論より重視されるに至ったのです．それはまた，インド・アラビア数字を用いた10進位取り表記が，実用にはおよそ不向きなローマ数字にとって代わる過程でもあります．

こうして数直線上の点で表される実数の発見から，連続量としての実数を任意の精度で近似し得る小数の形成，それにもとづく対数の創出へと発展し，ここに近代科学にとって不可欠な解析学誕生への基盤が生まれたのです．

小数と対数の発見は，数と量の科学における転換点であり，近代解析学の始点なのです．

ともあれ，私の『小数と対数の発見』が数学の世界でそれなりに評価されたことは，大変嬉しく思っています．

2020年度日本数学会出版賞，山本義隆『小数と対数の発見』（日本評論社，2018年）の受賞者のことばより．

（『数学通信』第25巻第2号，2020年8月号）

8. シモン・ステヴィンと16世紀文化革命

はじめに

通常「科学革命」と称される学問世界の変革は，物理学と天文学にかんして言うならば，ティコ・ブラーエの観測にもとづくケプラーの法則の発見，ガリレイによる地上物体の運動理論，そしてデカルトやホイヘンスによる運動量概念の導入や衝突の理論の形成をへて，力学原理を定式化したニュートンによる万有引力の導入と世界の体系の解明で頂点に登りつめる，17世紀をとおして進められた一連の過程として知られている．

それは，アリストテレス自然学にかわる新しい科学としての物理学，就中（なかんずく），数学的推論と実験的検証の両輪に支えられた古典力学の基礎の形成過程であり，しばしばその歴史は，17世紀が「天才の世紀」と称されるようにこれら巨人たちの英雄譚として物語られてきた．そのような語り口では，ケプラーの法則のような時代を画する法則の発見，ガリレイ裁判といったイデオロギー上の抗争，デカルト機械論のごとき壮大な理論体系の提唱，そしてニュートンの大著『プリンキピア』の出版といったエポック・メーキングな事件とその主役たちにどうしても照明が集中しがちで，そのかぎりでは本稿に取り上げるシモン・ステヴィンはその前座を務める二つ目といった扱いでしかない.

しかしステヴィンは，新しい科学の営為がどのようなものでなければならないのかという点については，17世紀の巨人たちに決して劣らない透明な洞察をすでに16世紀に表明していた．17世紀初頭に新しい科学と来るべき産業社会の哲学を模索していたのはフランシス・ベーコンであるが，この点ではステヴィンは明確にベーコンやガリレイの先駆者であった．本稿は，これまでかならずしも正確に知られずにいて，それゆえ相応の評価を受けてこなかったシモン・ステヴィンの科学観を紹介し，それによって科学革命に先行する16世紀の文化革命とも言うべき知の世界の地殻変動の一端を素描しようとするものである.

1　オランダ人シモン・ステヴィン

シモン・ステヴィン（Simon Stevin）が生まれたのは1548年，時代は近代科学の黎明期にあたる．その5年前には，ルネサンス期にほぼ完全な形で発見されたアルキメデスの著作が出版され，そしてコペルニクスの『天球の回転について』とヴェサリウスの『人体の構造について』が世に出ている．それぞれ天文学と解剖学に新時代をもたらした書物である.

地動説と無限宇宙を唱えて火刑に処せられたイタリア人ジョルダノ・ブルーノはステヴィンと同年の生まれであり，デンマークのティコ・ブラーエやイギリスではじめて地動説を唱えたトマス・ディッゲスが生まれたのは 2 年前の 1546 年であった．科学革命の先駆者がヨーロッパ各国にぽつぽつ登場し始めたころであり，ガリレイ（1564-1642），ケプラー（1571-1630），ハーヴェイ（1578-1657），ホッブズ（1588-1679），ガッサンディ（1592-1655），そしてデカルト（1596-1650）といった科学革命の主役たちに，ステヴィンは 1～2 世代先行している．

オランダにかぎれば，エラスムス（1466-1563）を産んだとはいえ，当時はまだ学問的・文化的伝統の乏しい社会であった．ネーデルラントで文化の世界に人材が輩出するのは，オランダの「黄金の世紀」と呼ばれる 17 世紀中期になってからであり，画家レンブラントは 1609 年に，物理学者ホイヘンスは 1629 年に，そして哲学者スピノザ，画家フェルメール，「顕微鏡の父」レーウェンフックはいずれも 1632 年に生まれている．ステヴィンは，ヨーロッパ全域で見てもオランダにかぎっても，文化と科学が急速に発展する直前に登場したと言える．

ステヴィンは毛織物産業で栄えた南部ネーデルラントの商都ブリュッヘ（ベルギー領ブリュージュ）に生まれた．青年時代に商家の事務員をしていたとか，当時アントウェルペンと言われていたアントワープで簿記や会計の仕事に携わっていたと伝えられているが，生地をのぞいて 30 代になるまでの来歴はほとんどわかっていない．彼の姿がはじめてはっきり捉えられるのは，南部にくらべて経済的にも恵まれず文化的にも遅れていたネーデルラント北部 7 州がネーデルラント連邦共和国（通称オランダ連邦共和国）を宣言した1581年である．この年，ステヴィンはライデンに姿を見せる．彼が何故北部に移ってきたのかは，よくわかっていない．

ステヴィンは1582年には商業計算の小冊子『利息表』や『幾何学の諸問題』を著し，83年にはライデン大学に入学を許可されている．大学での教育がどんなものであったのかもよくわからないが，ライデン大学はスペインにたいする独立運動の高揚のなかで新生国家の官僚と教会幹部を育成するために1575年に創立されたばかりで，医学をのぞいて自然科学や数学はあまり重視されていなかったようである[1]．ちなみにそれまでネーデルラントには大学は南部のルーヴァン大学しか存在しなかった．

いずれにせよ，ステヴィンは35歳で遅れて大学に入る前にすでに数学書を著しているのであり，アカデミックな訓練を受ける以前に商業上の実務から数学や科学の研究に入っていったと考えてよい．

ステヴィンの生まれた16世紀中期には，ネーデルラント経済の中心であったアントワープは北ヨーロッパ随一の国際貿易港であり，活発な経済活動が営まれ，教会の息のかからない商人のための学校が作られていた．1537年には俗語で書かれたファン・デン・ホッケの『算術のすばらしい技法について』がアントワープで出版され，43年にはアントワープの商人ヤン・インピンの俗語の算術書『新しい教程』が出されているが，これには，当時最新のものであったイタリアの簿記（複式簿記）の技法が記されている．数学は大学を尻目に商業の世界で大きく発展していたのであり，ステヴィンは大学に入る以前に商業活動にかかわる過程で実用数学を身につけたのであろう．実際，ステヴィンは一貫して実用性・実践性を科学の第一義に置いている．

ともあれオランダは1580年代の闘いをとおしてスペイン・ハプスブルク帝国からの事実上の独立を勝ち取り，ステヴィンは水利工学の技術者として灌漑や築堤や浚渫や風車の設計・製作にあたり，さらに軍事工学の技術者として共和国軍隊に仕え，軍最高司令官マウリッツ公の顧問兼個人教師を務め，軍の補給将校として1620年に死んだ．そしてそのかたわらで，実践はもとより理論にも精通した技術者として，1585年の『弁証法と証明術』，『算術』，『十進法について』，86年の『重量技術の原理』と『流体静力学の原理』，90年の『市民の生活』，94年の『要塞建築』，99年の『港湾発見術』，そして1617年の『兵営の設営』，さらにマウリッツ公の要請で書いた数学の教科書『数学覚書』など，数多くの技術書・力学書・数学書を執筆し発表している．

彼の著作のうち，物理学史上でとくに重要なのは『重量技術の原理』である．ここには斜面での物体のつりあいが論じられていて，その表紙に描かれている図はしばしば力学史の書物に載せられている（図8-1）．ここでのステヴィンの議論はアルキメデスの静力学をベースとするもので，永久運動はあり得ないという論拠にもとづいて，斜面

DE
BEGHINSELEN
DER WEEGHCONST
BESCHREVEN DVER
SIMON STEVIN
van Brugghe.

WONDER EN IS GHEEN WONDER

TOT LEYDEN,
Inde Druckerye van Chriſtoffel Plantijn,
By Françoys van Raphelinghen.
cIↄ. Iↄ. LXXXVI.

図8-1　シモン・ステヴィン『重量技術の原理』1586

上の物体に働く重力の効果は斜面の長さに反比例する（斜面の傾きの正弦に比例する）ことを導いている．思考実験に依拠した巧妙な議論で，興味深いものであるが，マッハの『力学史』やデューエムの『静力学の起源』など，大方の歴史書には記されているから，ここでは深入りしない．

『重量技術の原理』において現在の私たちにとって興味深いのは以下の2点である．

第1は，『付録』に記されている，重いものほど速く落下するというアリストテレス落体理論を現実に否定した，重量物体の落下実験である：

> アリストテレスと彼の追随者たちは，二つの類似の物体が空気中を落下するさいには，その一方の重さと他方の重さの比とその後者の落下時間と前者の落下時間の比が等しい〔すなわち落下速度は重さに比例し，したがって落下時間は重さに反比例する〕，……と主張している．……アリストテレスに反する実験はつぎのようなものである：（自然の秘密のあくなき探求者であるきわめて学識に富んだヤン・コルネット・デ・グロート氏と私自身でかつておこなったのであるが）一方が他方より 10 倍大きくそれゆえ 10 倍重い 2 個の鉛の球をとり，一枚の板ないしよく響く音を発する何らかの物体のうえに 30 フィートの高さから同時に落下させる．そうするならば，軽いほうが重いほうより落下に 10 倍の時間を要するということは見られず，それらは一緒に板の上に落ち，そのためそれらが発する二つの音が 1 回のドスンという音のように聞こえるであろう．同じことは，その重さが 10 倍の比にある 2 個の同じ大きさの物体においても実際に生じるのが見出される．それゆえアリストテレスの上述の命題は正しくない．(2)

アリストテレスの運動論にたいしてそれまでのスコラ哲学内部で語られてきた批判が，言葉の解釈と論理的推論に依拠した回りくどくて限界を有するものであったのにくらべて，ここではアリストテレスの命題が実験事実にもとづき単純明快に否定されている．通常この実験はガリレイがピサの斜塔でおこなったと伝えられているが，実際にそれがガリレイによってなされたという確かな証拠はない．いずれにせよ，ガリレイがピサにいたのは1589～92年であるから，たとえガリレイがその実験をおこなっていたとしても，ステヴィンとデ・グロートの実験はそれより少なくとも3年は早く，アリストテレス運動論批判の記録に残っている実験として，もっとも初期のものである．

2　科学における俗語の使用をめぐって

そして本書『重量技術の原理』で注目すべきいま一つの論点は，学術語としての俗語つまりオランダ語の積極的使用についての特異な主張にある．

実際，本書は序文として「オランダ語の価値についての論考」が冒頭に掲げられていて，そこではオランダ語が古来いかに力強い言語であったのか，またオランダ語が簡潔さと明晰さを兼ね備えているがゆえに学術語としていかに優れているかが熱っぽく展開されている．その主張は『流体静力学の原理』の冒頭にも，「新しい技術は新しい言葉を我に齎（もたら）す」として，アルキメデスのギリシャ語よりもオランダ語のほうが問題の記述に適していると語られている[(3)]．しかし，その論拠はラテン語やギリシャ語にくらべてオランダ語には単音節の語が多く，かつ明瞭な複合語を作り易いからであるというかなり独りよがりなもので，たちいって検討するにはおよばないであろう．

このステヴィンの論考は，学問的主張というよりは，むしろ新生オランダ共和国にたいする愛国主義の発露，ひいては新興オランダ国家のヨーロッパ列強にたいする自己意識の表明と見るべきものであろう．事実，この時代はオランダが独立にむかっての戦いに前進していただけではなく，国力の強化とともにイギリスについで海外進出が始まった時代であり，世界に雄飛するオランダという時代の意識を共和国市民としてのステヴィンが共有していたことは想像にかたくない．

ともあれステヴィンの著書は，初期の『幾何学の諸問題(羅語)』と『算術（仏語)』をのぞき，すべてオランダ語で書かれているのであり，その過程でステヴィンはみずから数多くのオランダ語の学術用語を鋳造し，それらの多くは現在でも使用されている．こうしてステヴィンは科学・技術オランダ語の創始者となり，17世紀以降のオランダの自然科学の急速な興隆と開花の礎を築いたのである．

しかしステヴィンによるオランダ語使用の論拠は，それだけではない．むしろ重要なことは，新しい科学の営為にとって大学アカデミズムの外部にいて俗語（自国語）しか読めない広範な技術者や職人の参加が決定的に必要なことをステヴィンが見抜いていたことにある．実際これらのステヴィンの著書を特徴づけているのは，『十進法について』の冒頭が「天文観測者，測量技師，絨毯検査官，ワイン計量者，立体計測者，貨幣鋳造者，そしてすべての商人たちへ」と始まっているように[4]，数学書といえども象牙の塔の学者のためのものではなく，明白に職人や商人のために書かれたものだということにある．この点では，彼のその他の著作の執筆意図も基本的に変わらない．

しかもオランダ語で書かれている理由は，たんにラテン語が読めない職人や商人のためにというような消極的なものではなく，より積極的な根拠にもとづくものである．それは一言で言うと，科学の研究はより多くの実践的経験にもとづかなければならず，そのためにはより多くの人々がその仕事に加わる必要があるということにある．そしてこの議論は，オランダ語にだけではなく，どこの国の言葉であれ俗語（自国語）一般にたいしてあてはまるものであり，それゆえ普遍的でより一層重要である．

『数学覚書』のなかの『賢者の時代』の一節を引用しよう：

> 私たちは，その上に科学がしっかりと築き上げられるための，実践的経験によって得られる大量のデータをいまなお欠いている．そのような大量のデータを獲得するためには，この仕事への多くの人たちの協同した参画が必要とされるであろう．このために必要なだけの多くの人たちの参画をかちとるために，一国家によるその経験と科学の追求は，その国の言葉でもって為されなければならない．[5]

科学研究における多数者の参画と協同作業の必要性というこの点については，天文学の例にそくして，次のようにきわめて具体的に語られている：

> まず第一に，一人の人間では，惑星の位置やその他すべての必要な事柄を何年にもわたって途切れることなく観測し続けることはかなわない．しかし多くの人数でこれをおこなっていれば，一人の観測では欠いていたものが他の人の観測のなかに見出されるであろう．第二に，一人の人によって得られたデータは，たとえそれ自体としては正確であったとしても，他の人たちには，その上に理論を構築するべき確かな基盤としては役立たない．というのも，そのデータは検証されていないからである．しかし多くの異なる人たちによって得られたデータが，相互に比較・照合されることによって問題に必要とされるだけよく合致していることが判明したならば，それに依拠することが可能となる．……第三に，空はある地域では曇っていてそのため何週間も天体が見えないということがしばしばあるけれども，このような場合には，空が晴れている地域において他の人によって得られたデータに依拠することが可能になる．そして第四に，観測者のあいだに各人がおのれの仕事に最善を尽くそうという野心や競争心が芽生え，そのためにこそ（その間に人は道徳的な観点においてしばしば不品行な振る舞いをすること

> があるにしても）科学は，通常，相当の発展を遂げることになる．それに反して，ごく少数の人によって担われている科学の分野では，それらの人たちのそれぞれはその発見を私蔵し隠匿するものである．……私がここで天文学からとったものと同様の例は，他の科学においてもまた示すことができるであろう．(6)

ここに書かれていることは，現在の私たちから見ればあたり前のことに思われるが，しかしこれが書かれた時代を背景に読むと，その先駆性は顕著である．

その当時の最高のそしてほとんど唯一の蓄積された天体観測データは1601年に死亡したティコ・ブラーエが生涯かけて収集したものであった．そのデータにもとづいてヨハネス・ケプラーは有名なケプラーの3法則を導き出した．ケプラーの楕円軌道の発見はティコのデータをもってしてはじめて可能となったのである．実際，ティコのデータは，肉眼による観測精度の極限を実現したものと言われているように，個々の観測の正確さにおいてそれまでのものを圧倒的に陵駕していた．

しかしそれだけではない．アーサー・ケストラーはそのケプラー伝のなかで「ティコによってなされた天文学の研究方法の革命は，彼の観測の，それ以前にはくらべるもののない精密さと継続性のうちにあった．継続性のほうがおそらく精密さより重要である」とティコの業績とそのデータの意義を特徴づけている(7)．つまりそれまでの天体観測は，惑星が合や衝や食といった特別な位置に達したときだけの散発的なものでしかなかったのにたいして，ティコのデータは，その一つ一つの精度が優れているだけではなく，長期にわたって持続的・継続的に収集され，それゆえ統計的信頼性の点でも格段に優れていたのである．

しかし，ティコが生涯にわたって途切れることなく，まさしく連日連夜天体観測に没頭することができたのは，国王の後援をうけたデンマークの封建貴族として，莫大な財力を有し多数の使用人を擁し，あまつさえそれらの使用人にたいしてほとんど絶対的な権力を行使しえていたからに他ならない．近代的な都市市民としての学者やまして一介の技術者や職人の及ぶところではない．ステヴィンはティコの観測データの価値をはっきり認めたうえで，市民がそれと同等のものを集めるためには多数の人間の協力が絶対的に必要なことを看取っていたのである．それだけではない．観測データは相互に照合・検証可能なように複数のセットが必要であると語るとき，ステヴィンはティコのデータの根本的欠陥，つまりそれが唯一のものでそれゆえその精度や正否が検証不可能であるという事実をも見抜いていたのであった．

さらにまた観測に携わる人間があまり少ないとデータが私蔵され秘匿されるというステヴィンの指摘は，まさにティコにあてはまる．実際，ティコ・ブラーエに弟子入りしたケプラーは，1600 年 7 月の知人への手紙で「ティコは，たまたま食事での語らいのときに，今日はある惑星の遠日点について，次の日は別の惑星の交点についてという具合にときたま漏らしてくれる以外には，彼の持つ経験を分かち持つ機会を与えてはくれません」と苦情を漏らしている[8]．ティコにとって観測データは大切な私有財産であり，みだりに公開するなどもってのほかであった．そしてそのような姿勢は近代科学においてはまずもって否定され，克服されるべきことをステヴィンは自覚していたのである．

同世代とはいえ，封建貴族ティコと共和国市民ステヴィンのあいだには，決定的な断絶が存在した．ステヴィンにとっては，観測や実験は財力と権力に恵まれた特殊な個人によってではなく多くの職人や技術者の共同作業としてなされなければならず，そしてまたその成果がその個人の財産として私蔵され秘匿されるのではなく，社会的に共有され公開され検証され利用されなければならないのであった．そのような共同的・公開的な営みとしての自然研究をステヴィンは構想していたのであり，それゆえにこそ，科学の言語はラテン語ではなく俗語（自国語）でなければならないのであった．

そしてこのステヴィンの主張はラテン語でなされていた当時の大学教育への批判に直結することになる：

> 通常の人たちが科学を学ぶさいには，その人たちは科学が記述されている言語を理解していなければならないが，その言語は彼ら自身の言語であるべきであ

る．というのも，なるほど何人かの親はその子にラテン語を学ばせているし，現在では通常そのラテン語によって自由技芸（リベラル・アーツ）は論じられているけれども，それらの人たちは大多数の人たちにくらべるときわめて少数である．そしてまた，若い人たちがラテン語の教育を受けるのは，ゆくゆくは法律や神学や医学を学ぶためである．したがってこれらの人たちのなかから後に，有名な観測者であるティコ・ブラーエの場合にそうであったように，両親の望みにさからって数学に全面的に身を捧げるような者が出るのは，きわめて稀なことである．……要するに，これらのラテン語を学んだ人たちのなかでは，数学に献身しようとする者はきわめてわずかであり，それゆえ，このテーマはその国の自国語で論じられるべきである．(9)

ここでステヴィンが言っている「数学」とは，天文学から機械学にいたるまでの数学的な科学全般のことであろう．他方，文中の「自由技芸」とは当時の大学の学芸学部——現在の教養課程に相当——で教えられる修辞学・弁証法・文法の三学と算術・幾何学・天文学・音楽の四科を指し，これらは専らラテン語で教育されていた．神学部・法学部・医学部はその後に進学する専門学部である．それゆえこのステヴィンの一文は，当時のそのような大学教育がもはや新しい科学と技術の発展に無縁であると宣言したことにほかならない．

ちなみに「自由学芸」の「自由」とは「自由人の」という意味で，その背景には手仕事や機械技術は奴隷のする卑しい所行であるという，古代ギリシャ以来の根強い通念があった．リン・ホワイト・ジュニアの書には「ギリシャ人もローマ人も奴隷経済のうえに生活しており，手を使うことを機械的で卑しむべきことと考えていた」[10]とあるが，ヨーロッパではその偏見はこの時代にまでひきつがれていたのである．

さらに言うならば「俗語（仏：vernaculaire，伊：vernacolo，英：vernacular）」は，ラテン語の「verna（家で生まれた奴隷）」に由来しているように，「卑しい言葉」と見なされていたのであり，俗語しか知らないということはとりもなおさず下層民を意味していた．とすれば，俗語で機械技術を論ずるなどということは，当時の大学から見れば，およそ学ある人間にあるまじきことであった．

3　ステヴィンとフランシス・ベーコン

年代的にステヴィンとガリレイのあいだにあって新しい時代の科学のありようを模索したのはフランシス・ベーコン（Francis Bacon; 1560–1626）であった．ベーコンが示した新しい科学は，機械技術の形成をモデルとする協働的研究と更新的理論である．そのキーワードの協働と更新は表裏の関係にある．ベーコンの主著『ノヴム・オルガヌム（新機関）』は学問全体を新しい基礎のうえに作り上げることを意図した大著『大革新』の一部として構想されたものであるが，そのなかに次のような一節が認められる：

> 私が考えているような，そしてそうあるべきであるような自然誌と実験誌との収集は多くの労力と費用を必要とする一大事業……である．……私の示す道標によって，閑暇に恵まれた人々から，共同の努力から，また何代にもわたる継続から，どんな成果が期待されるかを考えてみるとよい．とくに私の道というのは，一時にただひとりしか通れない……のではなく，人々の労力と努力を（とくに経験の収集にかんして）配分したのち結集するのがもっともよいような道であるから，なおさらのことである．[11]

多数のメンバーの協働による研究，就中，協働作業による経験の収集という点は，まさしくステヴィンがくり返し強調したことに他ならない．そしてこのことは，同時に研究の公開性と多数の人間の手による理論の漸次的更新という性格を学問に与えることになる．

パオロ・ロッシによれば，ベーコンは，新科学のモデルとして前進的・共同的研究手続きをもった機械技術を示したことによって，一方ではルネサンスの錬金術的な学問的伝統から，他方ではプラトンやアリストテレスに依拠したそれまでの哲学から決定的に決別したとある[12]．その手続きについて言うならば，錬金術や魔術は，いかに実験を重視したとしても，高い能力とすぐれた資質を有する選ばれた者にのみ伝授される秘伝であり，みだりに公開するべきものではなく，そのことのゆえに学問の進歩を阻んでいるというのがベーコンの主張である．公開性は秘伝的伝承というそれまでの学の性格を大きく変えるものであるとともに，職人のギルドをも解体してゆくことになる．こうして魔術の秘伝が万人の検討に委ねられ，徒弟制度のもとで門外不出に伝授されてきた技術が公のものに変わってゆく．

他方，研究が多数者の協働作業であるかぎり，その成果は積み重ねられてゆき，それまでに形成された理論はたえざる手直しを迫られることになるであろう．そのような科学のあり方は，必然的に古代の哲学の否定へと導くことになる．

それまでの哲学は，絶対的に正しいと見なされる「第一原理」から組み立てられ，あらゆる問題が隙のない論理で展開されすべての自然現象が厳密な論証によって説明されると称する，閉じた単一の体系であった．それは創始者によって作られた後は，その適用範囲を拡大してゆく以外に変化することのない，解釈することだけが残された硬直的な理論と見なされていた．

ベーコンがそのような古代の哲学を否定した最大の根拠は，その個々の論理や認識において誤りがあるということではなく，それらがいかに壮大でどれほど精巧に作られているにせよ，そのおしなべて静観的な哲学は，人間が自然にたいして働きかけ自然力を利用して人間の生活を向上させるための実践にまったく役に立たないだけではなく，人間の実践によって学び発展することもないということにあった．ベーコンが求めていたのは，人間の実践活動を根拠づけ技術の進歩を促進せしめるだけではなく，技術の進歩とそれによる経験の拡大とともにたえず更新されてゆく学問，一言で言えば産業社会の哲学であった．1605 年の『学問の進歩』には次のように語られている：

> 機械的技術においては，最初の考案者はごくわずかなことしかなしとげず，時がこれに付け足しをして完成するのに，諸学においては創始者がもっと多くのことをなしとげ，時がこれをすり減らし，損なう．……現に大砲製造術や航海術や印刷術などは，はじめはやり方が下手であったが，時によって改善され洗練されたのであるが，それと反対に，アリストテレス，プラトン，デモクリトス，ヒポクラテス，エウクレイデス，アルキメデスの哲学と諸学は，最初はもっとも生彩があったが，時とともに退化させられ，先の生彩も失われたのである．(13)

ベーコンは新しい科学や哲学を創ったわけではないし，個別の科学の分野でオリジナルな仕事をしたわけでもない．彼が発明したのは，人間の実践活動の発展に即応して発展してゆく科学という観念である．機械的技術が実際の経験にもとづき大勢の職人や技術者の手で日々改良され進化をとげるように，自然との交渉と経験の拡大のなかでたえず手直しされ，多数の人間の協力により，つねにより完全なものへと仕上げられてゆく，可塑的で発展性のある開かれた理論という新しい学問の理想を，ベーコンは模索していたのである．

しかしこのベーコンの理想もまた，技術者ステヴィンによりいち早く提唱され，そして実践されていた．

実際，ステヴィンが共同作業による研究およびその結果の公開性を主張したことは，学問観そのものにおける変革に直結するものであった．17 世紀のはじめ，ベーコンの『学問の進歩』とほぼ同時期に書かれたステヴィンの『数学覚書』の一部には『潮汐論』が含まれている．そしてその冒頭には次のように書かれている．自然科学にたいするステヴィンの見方がよく表されているので，すこし長いが全文引用しよう：

> これまで語られてきたように，経験はものごとの知識を得るための一般的な規則を導き出すもっとも確実な土台であり，これらの諸国での大規模ないくつもの航海のおかげで，それ以前にくらべるならば，潮汐の諸性質についての多くの確かな経験を得るためのより優れた手段を持ち合わせているのであるから，私には，一部は現在すでに使用可能な経験にもとづき一部は自然の理法に適っているように見える仮定にもとづき，この問題についてのひとつの理論を記述するのが

よいと思われる．その記述は，この問題を教科書的なやりかたで論じ，今後得られるであろうより多くの経験によってより十全な知識を得ようと適切に努めるための出発点として役立つであろう．もしも誰かが，このような論著を公表するよりも，これらの事柄をもっと確実に吟味し，あるいはそのように検証されるようにするのが先決であるという意見をもっておられるならば，私はつぎのように言いたい．そのようなことは一人の人間ないしごく少数の人間のなしうることではないのであるから，私には，このやりかたが短時間でより多くの情報と確実さを得るための最善の道であると思われる．というのも，多くの人たちが上述の観測をするように促されたならば，私の個人的な勧告によって限られた数の仲間がするのにくらべて，より多くの人たちがより多くの地点で観測をおこなうことになるであろうからである．(14)

ここに表明されているステヴィンの科学観は，次のようにまとめられるであろう．科学はまずもって経験にもとづくこと，その経験はこれまで大きく変化し豊富になっただけではなく今後もより豊かになってゆくであろうこと，それにたいして理論は，その時点での経験と合理的な推論にもとづいて作られるものであり，したがってそれは，将来，経験がより豊富になればそのことによって手直しされるはずのものであること，そしてその意味での理論は，多くの人に公開されることによって，多くの人によって検証されるべきものであること．

一言で言うならば，すべての科学理論は，その時点その時点での経験にもとづく，そして将来的に手直しされ更新されてゆくべき仮説であるということになる．これは現代の科学理論の理解であり，そしてベーコンの夢を具体的に語ったものにほかならない．

しかしベーコンは著書の多くをラテン語で書いた．その意味ではステヴィンはベーコンの新哲学の理想をより早く表明し，より徹底的に実践したといえよう．

4　ヨーロッパ各国における俗語使用の登場

先に16世紀中期にはアントワープにおいて俗語（フラマン語やホラント方言）で書かれた算術書が出版されていたことに触れたが，実をいうと，ステヴィンがオランダで活躍していた16世紀後半には，大学アカデミズムと無関係な地点で学問的研究にたずさわり俗語（自国語）でその成果を公表した職人や技術者がネーデルラントにかぎらずヨーロッパ各地で輩出していたのである．

イギリスでは20年間の船乗り稼業ののちに航海器具の製造職人となったロバート・ノーマン（Robert Norman）が，磁針が水平面から傾く伏角現象を発見し，1581年に英語で『新しい引力』を著した．その序文には次のようにある：

数学に習熟している人たちは，何人かの人たちがすでに書いているように，「アペルス曰く，靴屋はサンダルより先のことまで口出ししてはならぬ」というラテン語の諺を持ち出して，この〔磁石の〕問題は経度の問題がそうであるのと同様に，機械職人や航海士の風情ごときが口を挟むような問題ではない，というのもそれは幾何学的証明や算術的計算によって精密に扱われるべきものであって，そういうような術については機械職人や航海士はおしなべて無知であるか，少なくともそのような事柄を実行するに十分な素養を有していないからである，と言うかもしれない．……しかし，この国には，その資質においてもその職業においてもこれらの術に精通しているさまざまな機械職人がいるのであり，彼らを非難する人たち以上に効果的にかつ容易にそれらの術をそのいくつもの目的に適用する能力を有しているのである．なるほど彼らは，これらの術について幾人もの著者〔の書〕を研究するためのラテン語やギリシャ語を操れないにしても，しかし彼らは，幾何学にたいしては厳密な証明をともなったユークリッドの『原論』を，代数学にたいしてはレコードの諸著作を英語で有している．……また英語やそれ以外の日常の言語で書かれたその他のいくつもの書物もあり，それらの書物は製造職人を完全なものとし，これらの科学に準備させるのに十分である．……したがって私は，自分たちの技術や職業の秘密を探究しそれを他人の使用のために公表しようとする者を，学問のある人たちが軽蔑したり非難したりするようなことのないように，希求するものである．[15]

ノーマンがこの『新しい引力』を出版した1年前の1580年に，フランスではガラス職人から身を興した陶工ベルナール・パリシー（Bernard Palissy; 1510–89）が「人がたとえ哲学者のラテン語を読まなかったとしても，自然の働きを十分よく理解し論ずることができるということを，わたしは言いたい．なぜならば，多くの哲学者たちの，そしてもっとも有名な古代人の理論も，いくつも間違っていることを私は実験によって証明しているからである」と公言していた[16]．

フランスではまた，アンブロワーズ・パレ（Ambroise Paré; 1517–90）をはじめとする20人の外科医が1540年代から80年代にかけてフランス語でいくつもの医学書を出版してきた[17]．これらの外科医は理髪外科医と呼ばれ，ギルドを形成してその理論と技術を伝承し，民間で開業し瀉血や手術等の医療行為に携わっていたが，アカデミズムで教育を受けた大学にいる医者からは手を汚す仕事に携わる一段低い医療職人と見なされ蔑まれていた．

大学で教えられていた医学は古代のガレノスやアビケンナの医学，つまり訓詁学であり，大学における医師養成の主要な手段は「不磨の経典」とされたこのような古典作家の講読に終始し，学習はもっぱら書物の反復復唱にあった．ときおりおこなわれる人体解剖のさいには，教授は手を汚さず高い教壇に座ってラテン語のテキストを読みあげて講釈するだけで，それにあわせて身分の低い理髪外科医が学生たちの前で解剖をして見せるというものであった．

これにたいしてパレは職人の息子で，従軍外科医として数多くの実地の経験を積んでいた．とくに戦争における火器の使用のはじまりは，それまでにはなかった複雑な外傷を兵士にもたらしていたのであり，このような新しい事態にたいしてはそれまでの医学は完全に無力であった．パレは，ガレノスやアビケンナといった古代の権威にとらわれることなく豊富な臨床経験と実際の患者の観察に学ぶことにより，それまでの外科学を一新したと言われる．彼はラテン語を解さなかったけれども，本を読むだけの医学博士を馬鹿にし，職人的な理髪外科医の手仕事を誇りにしていたのであり，彼の著書は以前のおのれと同様の境遇にある若い外科医のために書かれたものである．

もちろん職人たちによるこのような著述活動は，印刷書籍の誕生と出版産業の登場によってはじめて可能となったものであるが，印刷・出版業という点では 16 世紀には圧倒的にドイツとイタリアが先行していた．

とくにドイツでは，マルティン・ルターによる 1522 年の『新約聖書』のドイツ語訳，さらにはその後 1534 年までかけて行われた『旧約聖書』のドイツ語訳は，書き言葉としてのドイツ語の確立を大きく進めることになった．1522 年には，ドイツ語で書かれた算術書『線とペンによる計算』が出版されている．著者はドイツ南東部バンベルク近郊の貧しい家庭に生まれ坑夫として働きながら学校に通ったアダム・リーゼで，大学教育は受けていない．同書はその後も版を重ね，16世紀ドイツの最もポピュラーな算術書となったと言われる．

そしてそれとほぼ同時期に科学のための散文のドイツ語を創り出したのは，アカデミズムと無縁に育ったアルブレヒト・デューラー（Albrecht Dürer; 1471–1528）であった．彼は，単に絵を描くだけの画家ではなかった．遠近法はルネサンスの発明品であったが，二度のイタリア旅行をとおして北方にルネサンスをもたらしたデューラーは，絵画のための理論を追究していたのであり，1525年には『コンパスと定規による測定術教則』をドイツ語で上梓した．その前書きには「幾何学はすべての絵画の本来の基礎であり，私は芸術を希求するすべての若者に，その初歩と基本原理を教授する所存である．……本書は絵かきだけではなく，すべての金細工師，彫刻家，石工，家具職人，仕事で測量を必要とする人々のために書かれたものである」と表明されている．

この時代，ドイツ語はいまだ学術的使用に耐えうる段階にまで到達しておらず，デューラー自身，これまで職人によって使用されてきた言葉のなかからいくつもの幾何学用語を創り出したと言われている．その後，27年には『都市・城郭・小都市の建造について』が，さらに死後には『人体均衡論』がともにドイツ語で出版された．(18)

グーテンベルクを産んだドイツはもちろん印刷書籍の先進国であったが，そのドイツについで印刷・出版業が早くから発展していたのはイタリアであった．

イタリアでは商品経済の拡大・発展にともない都市の商人や職人のための実用書も早くから作られていた．実際，はじめての印刷された算術書は1478年にトレヴィゾで出版されている．それは商業に従事する人たちのためにイタリア語で書かれている．以来1世紀のあいだに何点ものイタリア語の算術書が出版されている(19)．こうして16世紀にイタリアは，貧しい馬丁の子として生まれアカデミズムで教育を受けることなく育ち3次方程式の解を見出した在野の数学者タルタリアを産み出すことになる．そして大学教育を受けていない技術者ラファエロ・ボンベッリによる俗語で書かれた代数学書『算術の主要部分としての三巻に分けられた代数学』が1572年に出版されている．商業数学として発展したイタリアの算術を代数学として数学の一分科に確立するものであった．

ダンテやペトラルカやボッカッチョという自国語文学の先駆者を擁するイタリアでは，すでに1525年にはピエトロ・ベンボが『国語論』でイタリア語の公然たる擁護を展開していた．俗語がラテン語にくらべて劣るものではないという意識は，他の国に先がけて浸透していた．

そのイタリアにおいて，技術者自身によりイタリア語で書かれた技術書が，ビリングッチョの『火工術』である．著者のヴァンノッチョ・ビリングッチョ（Vannoccio

Biringuccio）は，1480 年にシエナの建築家の家庭に生まれ，若いときにイタリアとドイツを旅行し，鉱山と製鉄所の管理の仕事につき，後には建築および兵器製造に従事し，さらには法王庁の鋳造所と弾薬工場の責任者となり，1539 年に死亡した．このようにビリングッチョは大学での教育や研究にかかわりをもたない純然たる都市市民の技術者であった．彼の『火工術』は，鉱山業と冶金業の全般にわたる技術書で，彼の死の翌年，1540 年に出版された．

産業と貨幣経済の飛躍的発展，さらに戦争における重火器の使用の拡大とともに，中世末期から金属の使用は急速に増大し鉱山業は盛んになっていった．このような鉱山業の興隆は，それまでの業種ごとに細分化された閉鎖的なギルドに伝承・蓄積されてきたものをはるかに超える大規模で複合的な技術を要請することになる．

とくに，強大な権力と奴隷労働に支えられていた古代と異なり，中世末期以降になって新しく見出された鉱山を開くためには，それなりに周到で綿密な計画と利得にかんするシビアな考慮が必要とされた．すなわち，有望な鉱脈を含む鉱山が見出されたとして，開削・採鉱にさきだって，坑道を掘り出す地点の決定，動力源としての水力の確保と水車や採掘後の処理のための諸設備の建設，採鉱に必要な資材と鉱夫の確保，さらには鉱夫たちの住居や生活・厚生面での設備とさらには運送路などのインフラ・ストラクチャーの建設が要求されるのであり，それは相当の資本力と総合的な管理体制なくしては不可能であった．ようするに鉱山は，その当時では機械と労働力が最大規模に集積し結合されているプラントであり，その全体的な計画の立案や遂行のためには，技術の全容があらかじめ明らかになっていなければならなかった.

まさにそのような要求をみたす最初のものがこの『火工術』であった．英訳者の序文に「ビリングッチョの情報源はほとんど完全に，金属が溶かされ加工され鋳造される作業場での彼自身の観察と経験にある」とある[20]．それは，それまでは文書化されることなく分野ごとの閉鎖的な職人のギルド内部で個々的にかつ秘伝的に伝授・伝承されてきた試金・採鉱・製錬・鋳造などの鉱山業にまつわる一切の知識と技術をはじめて集大成し文書化したもので，技術史においても画期的な書物といってよい．そして本書はその後も版を重ね，さらに 1556 年と 72 年にフランス語にも訳され，仕事場で職人たちにより読み上げられ参照されたと言われる.

イタリアではまた，1548 年に染色職人ロセッティによる俗語（トスカーナ語）のモノグラフ『染色術集成』が出版され，さらに 1565 年には金工職人チェッリーノによる『金工論』と『彫刻論』がやはり俗語で出版されている.

他方では，大学教育を受けた者のなかからも，技術者や職人向けの書物を俗語で書く者も登場した．先のロバート・ノーマンの引用にあったように，イギリスではユークリッドの『原論』がロンドン市長ビリングスリーにより 1570 年に英訳されているが，それにはケンブリッジで学んだジョン・ディーの手になる英語による「数学的序文」が付されている．そしてディーはその「序文」を「ラテン語を知らない人たち，そして大学の学者ではない人たち（vnlatined people, and not Vniuersitie Scholers）」のために執筆したと公言している(21)．そして1601年にリチャード・モアという大工の棟梁は，同業の職人たちに幾何学にもとづいた新しい計測法を身につけるためにはこの英訳『原論』を読むように薦めたと伝えられている(22)．

イギリスではさらに，オクスフォードとケンブリッジに学び，等号（=）を創り出したことで知られるロバート・レコード（Robert Recorde; 1510–58）が1542年に技術者のための初等数学教本として『諸芸の基礎』を英語で著している．そしてさらに51年に『知識への道』，56年に『知識の城』，57年に『知恵の砥石』を著している．それぞれ英語で書かれた最初の幾何学書，天文学書，代数学の書であり，広く職人や技術者そして船乗りたちに読まれたものである．

ドイツにおいても，インゴルシュタットの教授であったペトロス・アピアヌスが，1527年に『すべての商業計算の新しい確実な教育』をドイツ語で出版している．

もちろんユークリッドの『原論』のようにラテン語で書かれた書物でも，需要が見込まれれば各国語に翻訳されて次々出版されていった．たとえばイタリアの建築家レオン・バッティスタ・アルベルティが1485年にラテン語で書いた『建築論』は，1546年にはイタリア語版が，1553

年にはフランス語版が，1582 年にはスペイン語版が出されている．

あるいは，1556 年にラテン語で出されたラテン名アグリコラことゲオルグ・バウアーによるその当時の鉱山業・冶金業についての大全『デ・レ・メタリカ』も，1563 年にイタリア語版が，1557 年と 1580 年にはドイツ語版が出されている．もちろんこれらはほんの一例にすぎない．いずれにせよ，それまでの学問世界における唯一の公用語であったラテン語を解さない技術者や職人や船乗り商人が学問世界に接近するための経路が，大きく開かれていったのである．

ヨーロッパ全土で「文化革命」とも見るべき大きな地殻変動が知の世界に生じていたといえよう．

5 16 世紀文化革命

しかし旧来の大学の学者たち，とりわけ外科医と競合関係にある大学医学部の教授たちは，この動向を快く思わず，執拗に抵抗した．実際，ヨーロッパでは，俗語の使用にたいする学者の世界における抵抗は，16 世紀全体をとおしてきわめて根強かった．

学問世界における俗語使用の先駆者としては，ドイツのパラケルスス（Paracelsus; 1493–1541）が有名である．遍歴の外科医であったパラケルススは，1526 年，バーゼルの著名な出版業者ヨハン・フローベンの壊疽を足を切断することなく治療したことでエラスムスやエコランパディウスら当地の人文主義者や宗教改革の指導者の知遇を得て，彼らの後押しでバーゼルの市医に任命され，バーゼル大学での講義を認められた．こうして彼は，医学を不毛で因襲的な机上の学問から実践的で実証的な臨床の学問に転換させるという意図をもって，ドイツ語による講義を宣言したが，それは大学当局の受け容れるところとならず，結局，パラケルススは大学を追われることになった．

同様に，1575 年にアンブロワーズ・パレの全集が出版されたとき，パリ大学医学部はパレが『外科学』をフランス語で書いたことを苦々しく思い，攻撃したと言われている．デューラーの『人体均衡論』には「中傷に身を晒す覚悟で」とあるから，ラテン語を使えない職人が書物を書くのは，やはり相当に覚悟のいることであったのだろう．

あるいはまた，1570 年のユークリッド『原論』の英訳に「数学的序文」を書いたジョン・ディーは「大学当局はこの英語版『〔ユークリッド〕幾何学』と「数学的序文」のおかげで（今後は）より一層尊敬され評価され信頼されるであろうという好ましい期待に大いに慰められるであろう〔強調ママ〕」と記している(23)．ケンブリッジやオクスフォードとのあいだに軋轢が生じるであろうことを予想していたのである．すくなくとも英訳版を出すにあたって弁明が必要とされていたことは読み取れよう．

学問や思想をラテン語ではなく俗語で説くということは，それを大衆化せしめる，すなわち一握りのエリートの独占物からより広く伝授可能・討議可能なものに変えるということである．このことは当時のヨーロッパにおいては，現在想像される以上に大きなことであった．

そもそもが文化や歴史のさまざまに異なる中世ヨーロッパ全域を一個の統一した社会として語りうるとしたならば，それはカトリック教会による宗教的統一と支配層の共通言語としてのラテン語の存在ゆえにである．当時，そのラテン語は教会の支配下にある教育機関でしか習得できないものであり，しかもラテン語ができるかできないかが社会的地位を決定していた．「無学の（illitteratus)」とはラテン語が読めないことであり，修道院の内部でさえ，ラテン語の読み書きができ「聖職者」と呼ばれる修道士にたいして，ラテン語を解さない者は「労務修士」と呼ばれ，もっぱら修道院内の肉体労働に従事していたと言われる(24)．英語のclerkは「聖職者」の他に「事務員・書記」の意味をもつが，そのことは語源であるラテン語の「聖職者（clericus)」が「読み書きの出来るもの」と同義であったことの名残であろう．

こうして教会は，宗教上の事柄だけではなく，学問世界において，さらには行政や政治の世界においても，総じて支配機構の全域において，ラテン語のみの使用を強制することによって，ヨーロッパ全土におよぶヘゲモニーを維持していたのであった．裏返せば，俗語による著述の広がりはただちにそのヘゲモニーの動揺に直結することになる．

とりわけ宗教上の問題に関しては，権力の側にいる者——知の独占者——から見れば，俗語使用は直截に異端につながるものであった．このことは，14 世紀に聖書を——教会の禁圧を破って——英訳した宗教改革の先駆者イギリスのウィクリフ，さらに聖書こそが最高権威だと語り独訳した 16 世紀宗教改革のルターらの例が端的に示している．1530 年代のフランスにおいては，仏訳聖書が出回った後も相当の期間，教会と神学者たちは，世俗権力の支持をえて，無学な者が聖書を読む権利を否定することによって，聖書解釈における自分たちの独占的権限を維持しようとしたと言われる[25]．

宗教上の問題においては，俗語の使用は最終的に宗教改革をもたらしたが，学問上の著述における俗語の使用もまた，たんに学問の大衆化にとどまらなかった．もともと「蛮族（バルバロイ）」という言葉は「吃る者」つまりギリシャ語を流暢に喋れない者という意味であったとされる．それはローマ時代には，ガリアやケルトの民を指していたが，西ローマ帝国が崩壊しシャルルマーニュの時代になると，さらに北方のスラブやヴァイキングの民を指す言葉になっていった．つまるところ「蛮族」とはヨーロッパの支配階級から見てその時その時の仮想敵，つまりその支配を受け容れようとしない者たち，あるいは受け容れなくなるかもしれない者たちのことであった．

その意味では，15・16 世紀の段階では，正規の教育を受け汎ヨーロッパ言語であるラテン語を操れる聖職者と知識人からなる支配層から見たとき，俗語（自国語）しか使えない大衆は，文字通りの「蛮族（バルバロイ）」であった．畢竟，ヨーロッパ中世の支配層の世界はラテン語の城壁で護られていたのである[26]．

とするならば，オランダのステヴィン，イギリスのノーマン，フランスのパリシーやパレ，ドイツのパラケルススやデューラー，そしてイタリアのパチョリやボンベッリやビリングッチョらの職人や技術者や商人や画家や外科医による学術書の著作は，「蛮族」が武器をとったようなものでもあり，そのこと自体が 16 世紀における全ヨーロッパ規模での「文化革命」を意味していた．「天才の世紀」と称される 17 世紀における「科学革命」の高峰は，この「文化革命」によって出現した有名・無名の数多くの学識ある職人や技術者の誕生という広大な裾野の上にはじめて聳え立つことができたのである．

そしてステヴィンは，そのような俗語による科学の記述が科学の本質的内容までをも決定的に変革してゆくことを最初に見抜いていたという意味で，科学革命の真の先駆者と言えるであろう．

（『湘南科学史懇話会通信』第 7 号，2011 年 11 月）

後記　シモン・ステヴィンとその科学的業績については，J. T. Devreese & G. Vanden Berghe『科学革命の先駆者シモン・ステヴィン——不思議にして不思議にあらず』中澤聡訳（朝倉書店　2009），とくに同書巻末の拙稿「シモン・ステヴィン——数学的自然科学の誕生」を見ていただければ幸いである.

注.

(1) van Berlkel, K.,『オランダ科学史』, 塚原東吾訳（2000, 朝倉書店）, p. 17.

(2) Stevin, S., *Principal Works of Simon Stevin,* Vol. 1 (1955, Amsterdam) p. 508f.
ちなみに, 共同実験者ヤン・デ・グロートとは, 後に「国際法の父」と呼ばれるラテン名フーゴー・グロティウスことヒューホー・デ・グロートの実の父で, デルフト市の市長そしてライデン大学の理事をも務めた人物である.

(3) *Ibid.*, p. 4f., p. 384f.

(4) *Ibid.*, Vol. 2A (1959) p. 388.

(5) *Ibid.*, Vol. 3 (1961) p. 608.

(6) *Ibid.*, p. 610.

(7) Koestler, A.,『ヨハネス・ケプラー』, 小尾信弥・木村博訳（2007, ちくま学芸文庫）p. 147f., 同 p. 129 参照.

(8) Kepler to H.von Hohenburg, 2, Jun. 1600, Baumgart, C., *Johannes Kepler: Life and letters*, (1951, New York) p. 61.

(9) Stevin, *ibid.*, Vol. 3, p. 612.

(10) White Jr., Lynn,『機械と神　生物態的危機の歴史的根源』青木靖三訳（1999, みすず書房）p. 24.

(11) Bacon, F.,『ノヴム・オルガヌム』, 服部英次郎・多田英次訳,『世界の大思想 (6) ベーコン』（1966, 河出書房新社）所収, p. 281f.

(12) Rossi, P.,『魔術から科学へ』, 前田達郎訳（1970, サイマル出版会）第 1 章.

(13) Bacon, F.,『学問の進歩』, 服部英次郎・多田英次訳,『世界の大思想（6）ベーコン』所収, p. 32.

(14) Stevin, *ibid.*, Vol. 3, p. 178f.

(15) Norman, R., *The new Attractive*, (1581, London) p. Bi.

(16) Rossi, *ibid.*, p. 8.

(17) Stone, H., "The French Language in Renaissance Medicine", *Bibliotheque d'humanisme et renaissance*, Vol. 15 (1953) p. 315-343.

(18) Panofsky, E.,『アルブレヒト・デューラー——生涯と芸術』, 中森義宗・清水忠訳（1984, 日貿出版社）, 序章・第 8 章参照.

(19) Smith, D. E., *Rara Arithmetica*, (1908, Boston and London), 参照.

(20) Biringuccio, B., *Pirotechnia*, Engl. tr. by C. S. Smith, (1958, M.I.T. Press) p. xiv.

(21) Dee, J., The Mathematicall Praeface to the "*Elements of Geometrie*" of Euclid of Megara (1570) with Introduction by Allen G. Debus, (1975, Science History Pub.) p. Aiii-v. 注：v は "versum（裏）".

(22) Hill, C.,『イギリス革命思想の先駆者たち』, 福田良子訳（1972, 岩波書店）p. 71.

(23) Dee, *op.cit.*, Aiiii-r. 注：r は "rectum（表）".

(24) Milis, L. J. R.,『天使のような修道士たち』, 武内信一訳（2001，新評論）p. 75.

(25) Davis, N. Z.,『愚者の王国　異端の都市』，成瀬駒男・宮下志朗・高橋由美子訳（1987，平凡社）p. 277.

(26) Fontana, J.,『鏡のなかのヨーロッパ　歪められた過去』，立石博高・花方寿行訳（2000，平凡社）p. 61.

9. 「ガリレイ革命」をめぐって

I 天文学の転換とその意味

私は，ガリレイこそ最初の近代人，少なくとも最初の近代的科学者だと思っている．ガリレイこそは——正にも負にも——近代科学精神の最初の体現者なのだ．じっさい近代物理学——ひいては近代自然科学——の創始者を一人だけ挙げよといわれれば，やはりガリレイということになるだろう．ガリレイは革命を起こしたのだ．

しかしそれは，個別の業績においてというわけではない．むしろその精神のありようにおいてである．ガリレイによっていわば科学的真理の意味が変わったのだ．

地動説をめぐるガリレイ裁判はつとに有名だが，実際には，ローマ・カトリックとの対立が地球が動くか否かにあったのでもなければ，近代物理学へのガリレイの真に重要な寄与が天文学にあったのでもない．ガリレイの寄与はなによりも地上物体の力学，就中（なかんずく），その真理認識の方法と思想にあった．教会権力との対立の真因もそこ，つまり人間の認識の能力と権利を巡ってであった．

近代以前に西欧を支配していた自然観はキリスト教の権威と結びついたアリストテレス自然学と宇宙論であり，その特色は月より上の天上世界と月より下の地上世界を厳格に区別する二元的世界像にあった．つまり天上世界と地上世界は，構成物質もその法則もまったく別と見られていた．生成・変化・消滅のはてしなき地上世界は「土」「水」「空気」「火」の四つの元素からなり，他方，惑星・太陽・恒星の世界つまり不変・不滅の天上世界は第５元素「エーテル」よりなる．「土」と「水」は本質的に「重く」地球の中心に向かい，「空気」と「火」は本質的に「軽く」地球から遠ざかり，他方，完全な元素「エーテル」よりなる天体は，完全な形としての球形をなし，地球に近づきも遠ざかりもせず，始めも終わりもない完全な運動たる円運動のみをおこなう．したがってそれは，地球を特別扱いする天動説——プトレマイオス天文学——を必然とする．

それは地球の表面にへばりついた人間の直接的経験の即事的論理化といえよう．近代物理学は，このアリストテレスの二元的世界の解体をつうじて生まれて出た．

もちろんその一つの転換は，地動説の提唱にある．したがってこの天文学の革命は，あくまでも自然観総体の変革の一階梯と見なければならない．そしてその立場から見たときの真の意味での地動説の先駆的提唱者はガリレイの同時代人ヨハネス・ケプラーだ．

コペルニクスが地動説を唱えたのは16世紀半ばだ．しかしその主張は，地球が動くとすれば惑星の運動がより簡単に見えるということで，たしかに地球を他の惑星と平等に扱ってはいるが，しかし等速円運動というアプリオリズムにいまだ囚われたもので，それ自身はアリストテレス自然学の克服を自覚的に意図したものではなかった．

他方ケプラーは，惑星の運動が等速円運動やその組み合わせではなく非等速の楕円運動であることを突き止めた．それは決定的なことであった．

等速円運動であれば，何故という問いは大きな意味を持たぬ．等速性と円形性は完全な元素「エーテル」よりなる天体の完全さの証とされていたからだ．アリストテレス自然学では自然は自らの内に変化の衝動を持ち，物体の運動は物体の自己目的の実現過程にすぎない．だから完全な元素よりなる天体は完全に対称な運動をすることで自らを実現してゆくと考えられていた．コペルニクスの場合でも，地球が他惑星と同様に円運動を続けるのは，球形というその形状に由来するものとして済まされている．それどころかコペルニクスは，円運動の等速性を厳密に維持するために，プトレマイオスの等化点（エカント）を排してあらたに小周転円を導入してさえいる．

しかし，ひとたび惑星運動の等速性や円形性が放棄されたならば，何故という問いの重さは決定的に違ってくる．

こうしてはじめてケプラーは，惑星運動にたいする外的原因は何であるのかという問題を設定するに至り，さらにその答えとして太陽が惑星に及ぼす力という観念にたどりついたのである．ここに物理学としての天文学が登場し，地動説がその新しい地平で語られることになった．

つまりコペルニクスでは，各惑星は地球軌道の中心という物理的には何もない幾何学的点を中心として周回しているのであり，他方太陽は太陽系の幾何学的中心近くに位置しせいぜい惑星に熱と光を与えているだけで，それ以上何の役割も果たしていない．地球をふくめて各惑星はいわば勝手に回っているのであり，天文学はそれらの経路を記述する幾何学にすぎなかった．ケプラーによって初めて，惑星の運動を駆動し制御するものとしての地位を太陽が占め，物理的な意味での太陽中心説が登場したのだ．このケプラーの思想と問題提起は，ニュートンの万有引力による太陽系の秩序の解明によって完結する．

この過程でガリレイの果たした役割は何か．

ガリレイは望遠鏡を用いて天体を観測し，太陽の表面に黒点があり，それが変化していること，月の表面が凸凹であること，木星も衛星を持つこと，金星が満ち欠けを示すことなどを発見した．それは，太陽が永久不変ではないこと，月が地球と同じ物体で出来ていること，木星のような惑星も地球と同様に回転中心たりうること，金星は太陽のまわりを回りその反射光で光っていることを意味し，アリストテレス以来の地球を特別視する二元的世界と天動説にたいする強力な反証となった．

またガリレイの主著『二大世界体系の対話』（邦訳『天文対話』）は，標題からもわかるように，アリストテレス・スコラの主張を逐一論破することをとおした地動説の全面展開の書であり，ラテン語ではなく平明なイタリア口語で書かれ，影響力は大きかった．教会が問題にしたのもこの本だ.

地動説の歴史においてガリレイはたしかにセンセーショナルで脚光を浴びている. しかしこのように彼の地動説への直接的寄与は, 理論的・世界観的なものというよりはむしろ観測による例証と著述による啓蒙, とくに一般向けの文筆活動にあった. 実際, コペルニクスからニュートンにいたるまでの当時の何人ものアクターたちのうちで, ガリレイは圧倒的に筆が立つ.

だが望遠鏡による天体観測の真の意義は, ただ単に天体の現実を明らかにしたことにとどまらず, 人間の感覚・知覚の地上への束縛を機械によって解放したことである. それは決定的・画期的なことであり, そこから, 日常的・直接的感覚に囚われた旧来の自然学にたいするガリレイの根底的批判と新しい自然認識・真理概念が生まれていったのだ. それは数学的物理学として地上物体の力学——その新しい方法と思想——に結実する.

II 数学的自然科学の出生

力学理論におけるガリレイの発見は, つきつめれば地上物体の運動についてのつぎの二法則にまとめ上げられる. 第一には, すべての地上物体は同一で一定の加速度で落下し, そのさい落下距離は落下時間の二乗に比例するといういわゆる「落体の法則」であり, 第二には, 地上での投射物体は放物線を描くという定理だ.

たったこれだけかと首を傾げる読者も少なくはないかも

しれぬ．たしかにこのようにまとめるならば，それほどのものでもないように見えよう．だが，重要で真にオリジナルなガリレイの寄与は，この法則にいたる彼の推論と立証の仕方，総じて彼の科学の方法と思想にある．

たとえば「落体の法則」を見てみよう．

アリストテレス自然学では重い物体はより速く軽い物体はより遅く落下すると考えられていた．たしかに日常的経験では，重い小石はストンと落下するにひきかえ軽い木の葉はヒラヒラと舞い降り，そのかぎりで——日常的経験の即事的論理化のかぎりで——アリストテレス主義は正しい．もちろん現代人は，それは空気抵抗があるからで，真空中では小石も木の葉も同様に落下するとしたり顔でいう．しかしアリストテレスの時代はいうにおよばず，ガリレイの時代に至るまで，真空なるものは知られていなかったばかりか，「自然は真空を嫌悪する」と積極的に否定されていた．トリチェリが真空を作り出したのはガリレイの死後のことだ．考えてみれば現代でも真空中での物体の落下なるものを見た人はきわめて少ないだろう．もちろん筆者も見たことはない．

とするならばガリレイは，いわば日常的経験に背くことによって落体の法則にたどりついたとさえいえる．物体の，日常的に経験される落下の背後に，直接的には見ることのできない「真の落下」を想定したのである．

通常は，反動的なスコラ学者が現実を見ようとせず古代の哲学者の権威に無批判にもたれかかっていたのにたいして，ガリレイは感覚的経験を重視し物理学理論の立証を古代の文書にではなく経験と実験に求めた，と理解されている．しかし考えてみれば，地球はどっしりとして不動でそれにひきかえ太陽は月と同様に地球のまわりを回るというのがむしろ日常的・直接的な経験であり，現代人がそう考えないのは幼児からの教育という名の刷り込みの結果にすぎぬ．そしてコペルニクスや古代のピタゴラス派が日常的実感にそむいてまで地動説を唱えたことを，「彼らはいきいきとした知性でもって自己の感覚に暴力を加え，感覚的経験が明らかに反対のことを示しているにもかかわらず，理性の命ずることを優先させることができたのです」と賞賛したのは，ほかでもないガリレイであった．

つまりガリレイの科学の方法は，経験を重んずるとはいえ，しかし，一切の先入観を捨てて受動的に自然を観察するというものではけっしてないのである．だいたいからして，真空中での落下こそが真の落下で，空気抵抗はそれを覆い隠す副次的因子だというような区別自体が，特定の理論的立場を選択したことによるのである．

なるほどガリレイは自然から学び自然から法則性を読み取ろうとする．だが，その場合の自然とはあるがままの日常的・感覚的自然ではなく，実は数学的概念で再構成された自然なのだ．「哲学は，眼の前にたえず開かれているこの最も巨大な書〔すなわち宇宙〕のなかに書かれているのです．しかしまずその言語を理解し，そこに書かれている文字を解読することを学ばない限り，理解できません．その書は数学の言語で書かれており，その文字は三角形・円その他の幾何学的図形であって，これらの手段がなければ人間の力ではその言葉を理解出来ないのです」とは，ガリレイの名言だ．

このガリレイの思想を科学史家コイレはプラトン主義と評したが，それは大雑把にすぎる．たしかにプラトンにとっては，絶対確実な数学的真理こそ，「真理」の名に値するものであったが，しかし数学は不変不動の真実在としてのイデアの世界にのみ妥当する．イデアの世界は太古から配置の変わらぬ恒星天のなかを惑星が永続的に運動する天にその範型を見出すが，それに反して，形あるものもいつかは消滅し運動もいつかは減衰する変幻きわまりない地上の世界は，プラトンにとっては数学的真理の適用できない仮の世界であった．そのプラトンの理解と異なり，ガリレイは他ならぬこの地上世界に数学的法則を求めたのだ．

しかしそのことは地上における直接的経験を一歩越えてはじめて可能になる．つまり自然を本質的に数学的と見ることは，裏返せば数学的処理の困難な部分を副次的・非本質的と見てこそぎ落とすことを意味する．

実際にもガリレイは，地上物体の運動にはかならずついてまわる摩擦や空気抵抗を，真実の運動を覆い隠す副次的攪乱要因と見なし，それらの影響が小さくなった極限を考え，その理想化された世界こそ真の自然と見，そこでは物体は厳密な数学的法則にのっとった運動――等加速度運動――をすると考えるのである．しかしガリレイは，落下の加速度運動について，数学的に「どのように（how）」を問い，落下速度が落下時間に比例し，落下距離が落下時間の2乗に比例することを論証するが，その加速度の原因，つまり「何ゆえに（why）」を問うことはしない．

そのさい実験は，受動的に事実を蒐集するためではなく，数学的推論の帰結を事後的・能動的に検証するためのものである．そのためには，数学的法則のあてはまる理想的状態を人為的に作り出さねばならない．事実ガリレイは等加速度運動では単位時間あたりの落下距離は等差数列をなすことを数学的に導き，もっぱらその特定の結論を確かめるために実験をおこなった．すなわち空気抵抗の影響を削減し同時に低速化によって落下時間を拡大するために，直接の鉛直落下ではなく斜面にそって球をすべらせ，そのさい摩擦を抑制するため斜面になめし革を張り，微小時間を測定するために水時計を考案している．

マルクスの『資本論』の序文には「物理学者は自然過程をこういう風に観察する．すなわち自然過程がもっとも的確な形態で，攪乱的影響によって混濁されることがもっとも少なく現われる場合をとるか，あるいは可能な場合には，実験を，過程の純粋な進行が確保される条件のもとで，行なうのである」（『資本論（一）』向坂逸郎訳，岩波文庫）と書かれている．この意味での観察と実験はガリレイに始まる．ガリレイの実験は装置としては簡単で素朴だが，所望の効果を人為的に拡大しその他の因子を抑制するという点で，現代の大加速器などによる大規模で精密な実験の思想と本質的に変わらない.

ここに実証的かつ数学的な近代自然科学，ひいては自然にたいして能動的にたちむかうという近代人の姿勢が生み出されたのである．それは哲学者カントが言った「理性は一定不変の法則にしたがって理性判断の諸原理を携えて先導し，自然を強要して自分の問いに答えさせねばならない」のであり，「それはもちろん自然から教えられるためであるが，しかしその場合に，理性は生徒の資格ではなく本式の裁判官の資格を帯びるのである」という身構えに他ならない（『純粋理性批判』第２版序，天野貞祐訳).

Ⅲ　ガリレイ革命

このように，ひとたび自然がその本質において数学的である，あるいは数学的に把握可能であると考えられたならば，そして人間が道具を用いて能動的に自然を構成し直接的経験を越えて自然を考察するようになれば，原理的には，人間理性はみずからの能力——数学的理性と道具の開発・使用能力——のみにもとづいてそこに隠されている真理にいくらでも接近することが可能になる.

たとえばガリレイは，物体は鉛直方向には等加速度運動をおこない，そのさい落下距離は時間の２乗に比例し，また水平方向には等速度運動をおこない，そのさい移動距離は時間に比例するということから，その二方向の運動を頭の中で純粋に数学的に合成するだけで——実験に訴えることなく——投射物体は放物線を描くことを導き出した.

さらにまた，その結果にもとづき単純な数学的計算によって，投射物体は仰角が45度のとき最大射程をとると結論づけた．得られた結論は，前提が正しくさらに数学的推論に欠陥がないかぎり，実験するまでもなく正しいのだ．

ガリレイのいうところでは「その理由を発見することによって得られた一個の事実についての知識は，実験を繰り返すことなしに他の諸事実を理解させ確かめさせるものです．……著者〔ガリレイ〕はかようにしておそらく経験上からはかつて観察されなかったことまでも証明したのです」となる．

この態度表明は画期的なことであった．つまりここにはじめて，人間理性——数学的理性——にたいする無条件・無制約な信頼が表明されたのである．神にたいして比べようもなく劣っていると考えられていた人間が，自然認識において神と対等の能力と権利を主張し始めたのである．

それは革命——ガリレイ革命——とも呼ぶべき根底的な態度の転換である．

キリスト教徒であるガリレイは，もちろん有限の人間に比べて神を無限に優れた存在者と見なしている．「われわれの理解力は，その知る仕方と知られるものの量とにおいて，神の理解力に無限の隔たりがあると結論します」と断じているように，ガリレイにとって神と人間の自然認識はその仕方や広がりにおいて決定的な差がある．しかし，その内容や確実性には違いがないのである．たしかに神は一瞬にすべてを知るのにひきかえ，人間は自然の一部を一歩一歩時間をかけてしか理解できない．しかしひとたび理解されたものの真理性については，神の認識と人の認識のあいだに差はない――というわけだ．『二大世界体系の対話』の初日の終盤で明瞭に語られている：

理解するということは二様，内包的か外延的かのどちらかの意味にとることができます．外延的すなわち無限に多数ある知られるべきことに関しては，人間の理解力はたとえ千の命題を理解したとしても無です．というのは千も無限にたいしては零同様ですから．しかし理解力ということを内包的に取れば，この言葉がある命題を内包的すなわち完全に理解することを意味する限り，人間の知性はある命題を完全に理解し，それについて絶対確実性を有することになります．そのようなものは純粋な数学的科学です．……これらのものについても神の英知はたしかに無限の命題を知っています．というのは神は全知ですから．しかし人間の知性の理解した少数のものについては，その認識の客観的確実性は神の認識のそれに等しいでしょう．

したがって，たとえば地動説の正しさが数学的に証明されたならば，神もまた地球を動くように世界を創りだしたと考えなければならないことになる．

この点こそローマ・カトリックの許容しえないところであった．ガリレイ裁判における特別予審委員会が提出した覚え書きは，ガリレイの罪状のひとつとして「ガリレイは，幾何学的な天文学上の事柄を理解するうえで神と人のあいだには一部対等なところがあると主張し，それをおしひろげているのは有害であること」と告発している．教会権力との確執の核心はここにあった．

人知には知ることの能はない事実を神は啓示として人に指し示す．そもそもキリスト教主義にとっては，数学的真理はそれとして正しくとも，神の真理とは次元の異なるものである．神の真理は人間理性にかなわぬがゆえにこそ神の真理とされていたのであり，それはあくまでも神の御言葉たる『聖書』を通して，あるいは奇蹟として明らかにされるのだ．

ガリレイの真理概念はこの「啓示真理説」と真っ向から対立せざるをえなくなる．事実ガリレイは1633年に友人に「何故われわれは，この宇宙のいろんな部分の知識を追究するにあたって，神の御労作〔自然〕から始めずにむしろ神の御言葉〔『聖書』〕から始めねばならないのでしょうか．神の御労作は神の御言葉ほど高貴でも卓越したものでもないのでしょうか」と，はっきり語っている．

もはや神は，「啓示」つまり合理的な説明のつかない奇蹟や人間理性のかなわぬ摂理にではなく，もっぱらその作品たる自然の合法則性にのみ自らの力を開示することになった．それは数学的推論によってのみ解読可能となる．数学さえ知っていれば人は神の秘密に手が届くようになったのだ．日常的感覚が時には数学的推論を裏切ることはあっても，それは「真の自然」が隠されているからであって，道具によって人間の感覚を拡大するならば必ずやその正しさは立証されるであろう．

かくしてガリレイ革命は近代の幕を開け，ここに合理主義的世界認識の第一歩が踏み出された．

しかしそれは，裏返せば二つの犠牲をはらって獲得されたのだ．第一には，数学的法則性の語る「どのように(how)」に自足するとともに，数学的法則性にとらえきれない現象を非本質的と見なし自然の外に投げ捨てることによってである．第二には，たしかに真理の解釈の資格を僧侶から取り上げたが，同時にそれを科学者という別の専門家の手に委ねることによってであった．

中世から近代への移行過程でガリレイ革命は，人間の能力を地上的・日常的感覚とキリスト教主義の二つの束縛から解放し，自然にたいする人間の能動的で主体的な態度を根拠づけた点において，積極的に評価されるべきであろう．しかし，現時点でのガリレイ問題はそれだけでは済まなくなっている．それが犠牲にしてきたものの大きさも見つめねばならないところまで今日すでに来ているのである．

（東京演劇アンサンブル『ブレヒトの芝居小屋』No. 7,
1986 年 3 月）

10.　ニュートンと天体力学

1.　ニュートンにおける運動の法則

「天体力学」という学問が力の概念をともなった天体運動の理論，すなわち天体動力学であるとすれば，その建設への助走は17世紀初頭のヨハネス・ケプラーから始まった．つまり16世紀のコペルニクスやティコ・ブラーエにいたるまでの天文学が軌道の幾何学でしかなかったのにたいして，ケプラーは，観測に裏づけられた惑星運動の法則（ケプラーの法則）を提唱しただけではなく，はじめて天体運動の説明原理に力の概念を導入したのである．しかし彼は正確な力学原理を有していなかった，つまり正しい慣性概念をも正しい運動方程式をも持ち合わせていなかった．そのため，それなりの定量的説明能力を有した整合的な天体力学に到達することはかなわなかった．

天体力学をはじめて首尾一貫した理論体系として語ることに成功したのは17世紀のアイザック・ニュートンであった．

ところで現在「ニュートン力学」と言えば古典力学の代名詞と理解されている．しかし現実には，現在の力学の教科書に書かれている「ニュートン力学」とニュートン自

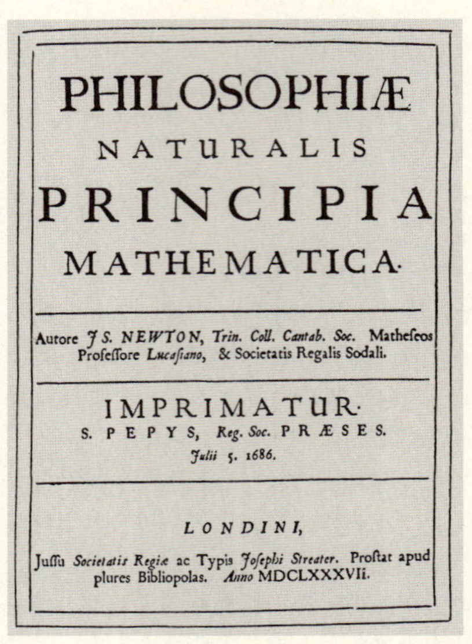

PHILOSOPHIÆ
NATURALIS
PRINCIPIA
MATHEMATICA.

Autore *J S.* NEWTON, *Trin. Coll. Cantab. Soc.* Matheſeos
Profeſſore *Lucaſiano*, & Societatis Regalis Sodali.

IMPRIMATUR.
S. PEPYS, *Reg. Soc.* PRÆSES.
Julii 5. 1686.

LONDINI,

Juſſu *Societatis Regiæ* ac Typis *Joſephi Streater*. Proſtat apud
plures Bibliopolas. *Anno* MDCLXXXVII.

図10-1　ニュートン『プリンキピア』初版（1687）の扉

身がその著『自然哲学の数学的諸原理』（以下『プリンキピア』）に記したもの——「ニュートンの力学」——とは，相当に異なっている．その相違は，ニュートン自身がおのれの物理学（当時の言葉で「自然哲学」）に付与した神学的ないし哲学的な意味という思想的な背景ばかりではなく，使用している数学や物理学的諸概念の意味や解釈といった基幹部においても，顕著に認められる．

『プリンキピア』「第１篇」の「定義，または運動の法則」には次の三法則と系が挙げられている[1]：

法則Ⅰ すべての物体は，その静止の状態を，あるいは直線上の一様な運動の状態を，外力によってその状態を変えられないかぎり，そのまま続ける．

法則Ⅱ 運動の変化は，及ぼされる起動力に比例し，その力が及ぼされる直線の方向に行われる．

法則Ⅲ 作用にたいして反作用はつねに逆向きで，〔その大きさは〕相等しい．

系Ⅰ 物体は合力によって，個々の力を辺とする平行四辺形の対角線を同じ時間内に描く．

これが**ニュートンの運動法則（力学原理）**である．そのさい，次の二点に注意しなければならない．

この「法則Ⅰ」を現代風に書けば，外力のないとき，図10-2で時刻 t に P にある状態から微小時間 Δt 間の変位（慣性運動）が，時刻 t の速度を $\vec{v}(t)$ として

$$\Delta\vec{s}_1 = \vec{v}(t)\Delta t = \overrightarrow{\mathrm{PR}} \tag{1}$$

と表される．これにたいして『プリンキピア』冒頭の「定義」には「物質の固有力とは，各物体が，現にその状態にあるかぎり，静止していようと，直線上を一様に動いていようと，その状態を続けようとあらがう内在力である．

1）『プリンキピア』からの引用は，基本的には中央公論社『世界の名著 26』収録の河辺六男訳に依拠するが，モット英訳および原著を参照して言葉遣いは若干改めた．

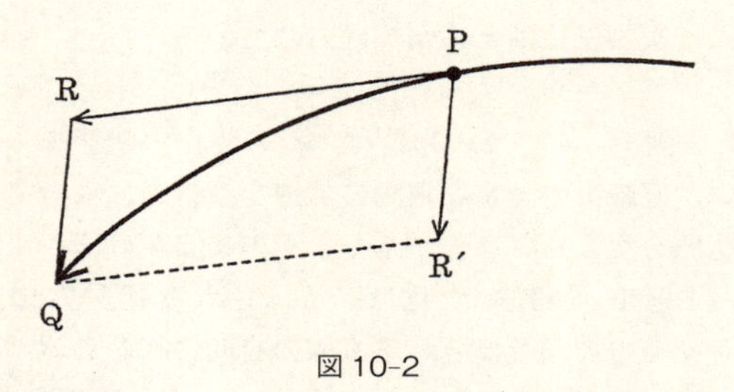

図 10-2

……固有力は，一番よく内容を表す名前として，慣性の力（vis inertiae）と呼ぶことができる」とある．すなわち注意すべき第一点は，ニュートンにあっては「慣性」が「力（vis）」のカテゴリーに含まれ，したがって慣性運動も力による運動と見なされていることである．

注意すべき第二点は，「法則 II」の「起動力（vis motorix）」は，現在言う力 $\overrightarrow{F}$ だけではなく，その持続時間 Δt を含めた力積 $\overrightarrow{F}\Delta t$ を指していることにある．この点は後にマックスウェルが『物体と運動』で「ニュートンの言う及ぼされる起動力は，現在言う撃力（impulse）であって，力の強さだけではなく，力が働く持続時間も考慮に入れられている」と指摘しているとおりである．

したがって「法則 II」は微分方程式ではなく，微小時間の力積と運動量変化の関係 $\Delta(m\overrightarrow{v})=\overrightarrow{F}\Delta t$ を表す．

そのさいニュートンは，十分小さい時間にたいしては力を事実上一定と見なして，ガリレイの等加速度運動の公式を使用する．すなわち，この場合，起動力 $\overrightarrow{F}(t)\Delta t$ によ

る物体の微小変位は，

$$\Delta \overrightarrow{s}_2 = \frac{\overrightarrow{F}(t)}{2m}(\Delta t)^2 = \overrightarrow{\mathrm{PR'}} = \overrightarrow{\mathrm{RQ}}. \tag{2}$$

このようにニュートンにあっては，法則Ⅰと法則Ⅱによる変位はそれぞれ「慣性の力」と「起動力」の効果，つまりいずれもが「力」の効果とされ，それゆえ系Ⅰにより平行四辺形の規則で重ね合わされる（図 10-2）．すなわち，時刻 t に位置速度 $\overrightarrow{v}(t)$ で動いている物体の，その後，微小な Δt 間の全変位は

$$\begin{aligned}\overrightarrow{\mathrm{PQ}} &= \overrightarrow{\mathrm{PR}} + \overrightarrow{\mathrm{RQ}} = \Delta\overrightarrow{s_1} + \Delta\overrightarrow{s_2}\\ &= \overrightarrow{v}(t)\Delta t + \frac{\overrightarrow{F}(t)}{2m}(\Delta t)^2.\end{aligned} \tag{3}$$

言うならばこれが**ニュートンの力学の基本公式**である．

法則Ⅱを「運動方程式」と理解して今日見られるように微分方程式の形で表すと，法則Ⅰはその特別な場合（$\overrightarrow{F}=0$）として法則Ⅱに含まれるから，この二つの法則を分けて書く必要はない．

しかし，このニュートンの見方では法則ⅠとⅡは独立である．要するにニュートン自身の運動法則は，現在の教科書にある**ニュートンの3法則**とはかなり異なるのである．

なおこのかぎりでは，ニュートンは力学原理を新たに提唱したというより，それまでステヴィンやガリレイによって力の合成や等加速度運動について提唱されてきた個々の理論を統合したにすぎないと言える．1838 年にフランスの経済学者オーギュスタン・クールノーが書いた『富の数

学的原理に関する研究』にある「ガリレイによって始められニュートンによって完成された運動の法則の理論」という表現は，ほぼ実相を表しているのである.

2. 中心力の順問題

それでは，力学におけるニュートンの真の新しさは何かというと，それは**万有引力理論**の提唱であった.

この点で，本稿のテーマである天体力学に目を移すと，ニュートンは万有引力理論によって太陽系の秩序を解明したと言われているが，それは具体的にどのようなことを指しているのだろう.

いや，そもそもがこのような微分方程式以前のものとしての**ニュートンの運動法則**から，どのようにして与えられた力のもとでの物体の運動が求まるのか，つまり現代の力学において運動方程式を積分することに相当するプロセスはいかなるものなのかと問われるかもしれない．じつはニュートンがやったことは，その逆で，ニュートンは観測された運動から働いている力を導き出したのである.

その出発点が『プリンキピア』「第1篇」の命題6で，現代風に表すと，式 (2) より導かれる力の表式

$$\vec{F}(\mathrm{P}) = 2m \lim_{\Delta t \to 0} \frac{\overrightarrow{\mathrm{RQ}}}{(\Delta t)^2} \tag{4}$$

である．当時の用語ではこのように運動から力を求める問題が「順問題」，その逆つまり与えられた力のもとで物体がおこなう運動を求める（積分する）問題は「逆問題」と

語られていた．そして当時はこの意味での順問題こそが力学の中心問題と考えられていたのである．こうしてニュートンは惑星運動についての**ケプラーの法則**から太陽と惑星間に働く力としての万有引力の関数形を導き出した．

その第一歩は，ケプラー運動をもたらす力が中心力であること，つまり働いている力がつねに一定の中心点にむけられることの証明にある．1609 年にケプラーは惑星の運動が太陽を含む一定平面上にあり，そのさい面積速度（つまり太陽と惑星を結ぶ動径ベクトルが単位時間に掃く面積）が一定であることを示した．この後半部分が**ケプラーの第二法則**である．前半部分もじつはケプラーの発見であり，ときに**ケプラーの第零法則**と呼ばれている．そして『プリンキピア』命題 1 では力が中心力であればケプラーの第零・第二法則が成立すること，そして命題 2 ではその逆が示されている．

中心力 $\overrightarrow{F}(\overrightarrow{r})$ を仮定し，その力の中心を O とする．

惑星が軌道上を動いているあいだ，実際には力は連続的に働いているが，微小時間 Δt ごとに $\overrightarrow{I}$ の撃力を受け，A→B→C→ … と移動してゆくとする（図 10-3）．A で撃力 $\overrightarrow{I}(\mathrm{A})$ を受けてのちの速度を $\overrightarrow{v}_1$ とする．Δt のちに惑星は $\overrightarrow{v}_1\Delta t = \overrightarrow{\mathrm{AB}}$ で決まる点 B に移動している．B で撃力 $\overrightarrow{I}(\mathrm{B})$ を受けたのちの速度を $\overrightarrow{v}_2$ とすれば，同様に Δt のちに惑星は $\overrightarrow{v}_2\Delta t = \overrightarrow{\mathrm{BC}}$ で決まる点 C に移動している．$\overrightarrow{I}(\mathrm{B})$ による速度変化を $\delta\overrightarrow{v}$ とすれば，$\overrightarrow{v}_2 = \overrightarrow{v}_1 + \delta\overrightarrow{v}$ ゆえ，この変位は，慣性運動 $\overrightarrow{v}_1\Delta t = \overrightarrow{\mathrm{BC^*}}$ と

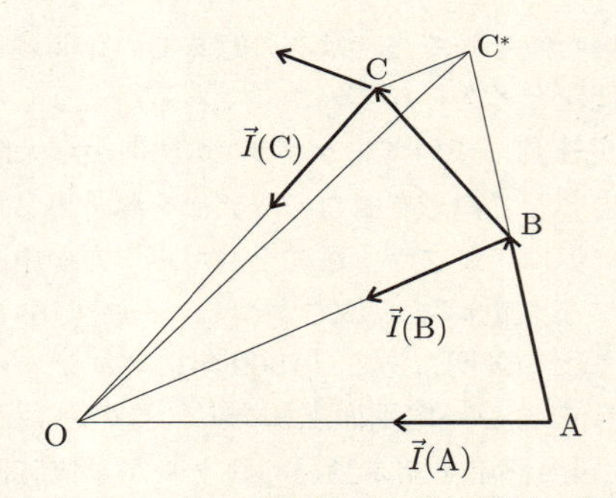

図 10-3　ケプラー第零法則と第二法則の証明

変位 $\delta\vec{v}\,\Delta t=\overrightarrow{\mathrm{C^*C}}$ の合成と考えることができる．すなわち，$\overrightarrow{\mathrm{BC}}=\overrightarrow{\mathrm{BC^*}}+\overrightarrow{\mathrm{C^*C}}$.

ここで，$\overrightarrow{\mathrm{BC^*}}=\vec{v}_1\Delta t$ はもちろん三角形 OAB の平面上にあり，力が中心力であれば $\overrightarrow{\mathrm{C^*C}}=\delta\vec{v}\,\Delta t\propto\vec{I}\,(\mathrm{B})$ は $\overrightarrow{\mathrm{BO}}$ に平行ゆえ，やはり三角形 OAB の平面上にあり，したがって $\overrightarrow{\mathrm{BC}}=\overrightarrow{\mathrm{BC^*}}+\overrightarrow{\mathrm{C^*C}}$ も三角形 OAB の平面上にある．その後もこの繰り返しゆえ，軌道全体は同一平面上にある．ケプラーの第零法則である．

そしてこの場合，$\overline{\mathrm{BC^*}}=\overline{\mathrm{AB}}$ ゆえ，$\triangle\mathrm{OAB}=\triangle\mathrm{OBC^*}$．ここで力が中心力であれば，$\overrightarrow{\mathrm{C^*C}}$ は $\overrightarrow{\mathrm{BO}}$ に平行ゆえ $\triangle\mathrm{OBC^*}=\triangle\mathrm{OBC}$．したがって $\triangle\mathrm{OAB}=\triangle\mathrm{OBC}$，すなわち A→B 間と B→C 間に動径 $\vec{r}$ の掃く面積が等しい．この議論はその先も同様ゆえ，Δt 間に動径の掃く面積 ΔS はつねに等しく，したがって面積速度 $\Delta S/\Delta t$ は一定

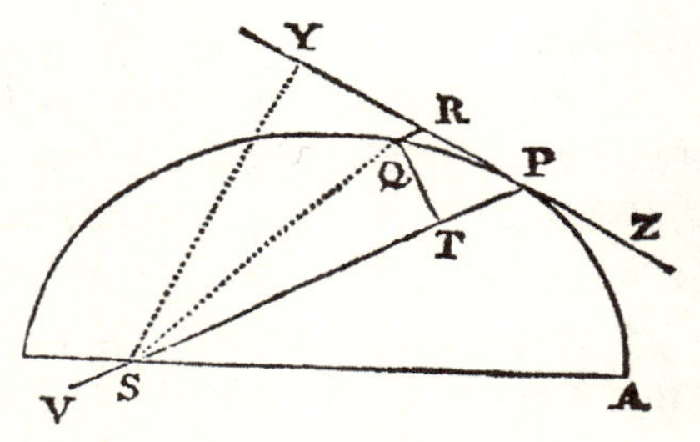

図 10-4 『プリンキピア』(第 3 版) より

である．これが命題 1 で，ケプラーの第二法則である．

この議論を逆向きに辿れば，$\overrightarrow{I}(\mathrm{B}) \propto \overrightarrow{\mathrm{C^*C}}$ が $\overrightarrow{\mathrm{BO}}$ に平行で力が中心力であることが導かれる．命題 2 である．

以下では図 10-4 のように力の中心を S とし，時刻 t から Δt 間に物体が軌道上を P から Q に移動したとする．

ケプラーの第二法則は，Q から SP に下ろした垂線の足を T として，$2\Delta\mathrm{SPQ} = \overline{\mathrm{SP}} \times \overline{\mathrm{QT}}$ が Δt に比例すると表されるから，式(4)は

$$F(\mathrm{P}) \propto \lim_{\mathrm{Q}\to\mathrm{P}} \frac{\overline{\mathrm{RQ}}}{(\overline{\mathrm{SP}} \times \overline{\mathrm{QT}})^2}. \tag{5}$$

これが命題 6 の系で，ニュートンによる中心力の順問題のための基本公式である．

なお，$\overline{\mathrm{SP}} = r$ は力の中心からの距離であるから，この場合，力の関数形を求める問題は，量 $\lim_{\mathrm{Q}\to\mathrm{P}} \overline{\mathrm{RQ}}/(\overline{\mathrm{QT}})^2$ を r と軌道の定数で表すことに帰着する．

3. 万有引力の導出

『プリンキピア』は，その後，命題10で，物体が楕円の中心に向かう力で楕円上を周回するとき，働いている力が距離に比例することを導いている．これは2次元等方調和振動の順問題である．ウォーミングアップである．

そして命題11はケプラーの第一法則の場合，すなわち「物体が楕円上を周回する．楕円の焦点に向かう向心力の法則を求めること」に充てられている．本題である．

ニュートンはこの問題にたいしては二通りの解を与えている．彼はこの問題の重要性を自覚していたのである．ここではそのひとつを示す．

図10-5でCは軌道楕円の中心，DKとPGは楕円の共役直径（DKに平行な直線が楕円に接する点を結ぶ線分がDKの共役直径），SとHは楕円の焦点で，Sが力の中心，したがって動径SPの掃く面積が時間に比例する．

PSに平行にQRを引き，QからRPに平行に引いた直線とPSの交点をx（図のx）とすると，$\overline{\mathrm{QR}}=\overline{\mathrm{Px}}$.

またQxの延長線とPCの交点をv（図のv），QからPSに下ろした垂線の足をTとする．RPとQvとDKは平行ゆえ，$\overline{\mathrm{Pv}}\times\overline{\mathrm{vG}}/(\overline{\mathrm{Qv}})^2$ はvの位置によらない[2)]．したがって，とくにvがCにある場合を考えれば

2）この定理をニュートンは「円錐曲線論より」の一言で片付けているが，その証明はアポロニウスの『円錐曲線論』の第1巻・命題21にある．

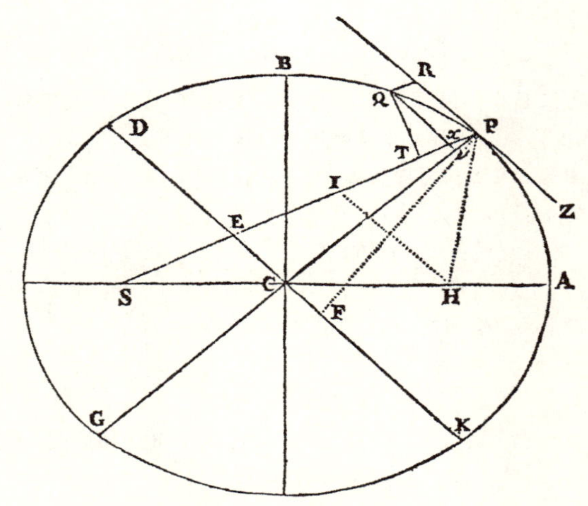

図 10-5 『プリンキピア』(第 3 版) より

$$\frac{\overline{\mathrm{Pv}}\times\overline{\mathrm{vG}}}{(\overline{\mathrm{Qv}})^2}=\frac{(\overline{\mathrm{PC}})^2}{(\overline{\mathrm{DC}})^2}. \tag{6}$$

また楕円の性質より，P での接線 ZPR は SP の延長線と PH のなす角を 2 等分する．したがって H から ZR に平行に引いた直線と PS の交点を I とすれば，$\overline{\mathrm{PI}}=\overline{\mathrm{PH}}$. 図で KD と HI は平行ゆえ，E は SI の中点で

$$\overline{\mathrm{PE}}=\frac{1}{2}(\overline{\mathrm{PS}}+\overline{\mathrm{PH}})=a\ (\text{楕円の長半径}).$$

それゆえ，ここで $\triangle\mathrm{Pxv}\backsim\triangle\mathrm{PEC}$ を考慮すれば

$$\frac{\overline{\mathrm{QR}}}{\overline{\mathrm{Pv}}} = \frac{\overline{\mathrm{Px}}}{\overline{\mathrm{Pv}}} = \frac{\overline{\mathrm{PE}}}{\overline{\mathrm{PC}}} = \frac{a}{\overline{\mathrm{PC}}}. \tag{7}$$

さらにPから直線DKに下ろした垂線の足をFとすれば△QxT∽△PEF，かつ楕円の外接平行四辺形の面積が一定であることを考慮すると，楕円の短半径（$\overline{\mathrm{BC}}$）をbとして，$\overline{\mathrm{CD}} \times \overline{\mathrm{PF}} = ab$が成り立ち

$$\frac{(\overline{\mathrm{Qx}})^2}{(\overline{\mathrm{QT}})^2} = \frac{(\overline{\mathrm{PE}})^2}{(\overline{\mathrm{PF}})^2} = \frac{a^2}{(\overline{\mathrm{PF}})^2} = \frac{(\overline{\mathrm{CD}})^2}{b^2}. \tag{8}$$

以上の（6）（7）（8）を辺々掛け合わせると

$$\frac{\overline{\mathrm{vG}} \times \overline{\mathrm{QR}} \times (\overline{\mathrm{Qx}})^2}{(\overline{\mathrm{Qv}})^2 \times (\overline{\mathrm{QT}})^2} = \frac{a}{b^2}\overline{\mathrm{PC}}. \tag{9}$$

ここで$\mathrm{Q} \to \mathrm{P}$，したがって$\mathrm{x} \to \mathrm{P}$，$\mathrm{v} \to \mathrm{P}$の極限をとると，$\overline{\mathrm{Qx}}/\overline{\mathrm{Qv}} \to 1$，および$\overline{\mathrm{vG}} \to 2\overline{\mathrm{PC}}$ゆえ，

$$\lim_{\mathrm{Q}\to\mathrm{P}} \frac{\overline{\mathrm{QR}}}{(\overline{\mathrm{QT}})^2} = \frac{a}{2b^2} = \mathrm{Const.}, \tag{10}$$

したがって，この場合(5)は$\overline{\mathrm{SP}} = r$として，

$$F(\mathrm{P}) = \frac{\mathrm{Const.}}{r^2}. \tag{11}$$

これがケプラー運動にたいする順問題の解である．

なお，比例定数まで含めて上記の議論を書き直すと，面積速度を$h = (\overline{\mathrm{SP}} \times \overline{\mathrm{QT}})/2\Delta t$として，(4)より

$$F(\mathrm{P}) = \lim_{\mathrm{Q}\to\mathrm{P}} \frac{8mh^2\overline{\mathrm{RQ}}}{(\overline{\mathrm{SP}} \times \overline{\mathrm{QT}})^2} = \frac{4mh^2}{b^2/a} \times \frac{1}{r^2}. \tag{12}$$

ここでさらに面積速度hと公転周期Tの関係

$$h = \frac{\text{楕円の面積}}{T} = \frac{\pi ab}{T}, \tag{13}$$

およびケプラーの第三法則

$$\frac{a^3}{T^2} = C(\text{惑星によらない定数}) \tag{14}$$

をもちいると，惑星に働く力は

$$F(\mathrm{P}) = 4m\pi^2 \frac{a^3}{T^2} \times \frac{1}{r^2} = 4\pi^2 \frac{Cm}{r^2}. \tag{15}$$

ケプラーの三つの法則は万有引力を導き出すのに必要な鍵のすべてをふくんでいたのである．それがその後の天体力学の発展に与えた意義は，途方もなく大きい．2009年が「世界天文年」とされるのはガリレイの天体観測400年を記念してと言われるが，むしろケプラーの法則発見400年をまず記念すべきではないだろうか．

この後『プリンキピア』では，命題12で焦点からの力をうけて双曲線軌道を描く場合，命題13では放物線軌道を描く場合に，同様にして働いている力が距離の2乗に反比例することが導かれている．

こうしてニュートンは『プリンキピア』「第3篇」の命題1・2・3で，主惑星が軌道に保たれる力は太陽に向かい太陽からの距離の2乗に反比例すること，月が軌道に保たれる力は地球に向かい地球の中心からの距離の2乗に反比例すること，木星の衛星が軌道に保たれる力は木星の中心に向かい，木星の中心からの距離の2乗に反比例することを結論づける．すなわち，天体力学の基礎に万有引力理論を置いたのである．真の意味での天体力学のはじまりである．

4. ニュートンの限界

このようにニュートンはたしかに「順問題」つまり惑星の運動（ケプラーの法則）から重力の数学的法則を導き出すことに成功した．ではその逆（「逆問題」）を解いたのか，つまりこの力から円錐曲線軌道を導くことに成功したのか．この点については，科学史家のあいだでも議論が分かれている．

いずれにせよ「逆問題」の疑問の余地のない解は，運動方程式を微分方程式に書き直し，その積分としてはじめて成し遂げられた．それはライプニッツ以降，大陸の数学者たちによって追求され，18 世紀中期にヨハン・ベルヌイそしてレオンハルト・オイラーによって完成されることになった．こうして現在「ニュートン力学」と称されているものが形成され，ここに天体力学の勝利の進撃が始まる．ちなみに，現在「ニュートンの運動方程式」と言われている

$$m\ddot{x} = F_x,\ \ m\ddot{y} = F_y,\ \ m\ddot{z} = F_z$$

の形の微分方程式を（係数は異なるが）はじめて書いたのは，オイラーである．

より詳しくは，拙著『古典力学の形成　ニュートンからラグランジュへ』（日本評論社）を見ていただきたい．

（『数学セミナー』2009 年 7 月号）

《書評》

『ニュートン』

島尾永康著

(1979年, 岩波書店)

「一芸に秀でた人は云々」という日本的な格言は, 学問の世界では, 洋の東西を問わずまかり通っているようだ. 巷間に流布している『偉人伝』の類の過度に美化された学者の人間像が, それを示している. 専門家の手で頭上高くに営まれている近代の科学に, 大衆は拝跪するしかないためであるからのようにも思われるが, むしろ学問的権威の全人的権威への肥大化を率先してきたのは, 学者自身の権威主義にこそあった.

学問的評価の人間的・社会的評価へのそのような無批判なスライドは, ニュートンの場合には, ことさら著しい. ニュートンが近代物理学史上に最大の足跡を残した一人であるということは, たしかにそうなのだが, それにしても人間ニュートンの美化——いや神格化——の度合は群を抜いている. 彼の神格化は, 生前に始まり, 没後2世紀, 20世紀前半にまで及ぶ. そのようなニュートン像の見直しが始まったのは, たかだかここ半世紀にすぎぬ. それはまた，きわめて近代的に解されてきたニュートンの物理学——自然哲学——の見直しにもつながるものであった．

本書『ニュートン』は，人間ニュートンの実像に迫ろうとするこの間の科学史学の成果を読み易くハンディにまとめた好著といえる．歴史の読み物としても興味深く，ニュートン学の入門としても恰好である．

本書に描かれたニュートンは，好意的な友人から見ても「扱いにくい人間で，すぐに猜疑心をいだきたがる」（ジョン・ロック）とか，「ニュートンの生活には笑いがなかった」（ヘンリ・モア）とか，要するに暗い．23, 4 歳で微積分法と重力法則を生み出した瞬発力や，1 年半で『プリンキピア』を書き上げた集中力は常人離れしているが，むしろ本書で眼を瞠らされるのは，学問的高さと人間的卑小さとの落差である．

『プリンキピア』執筆の動機が，距離の 2 乗に反比例する万有引力のアイデアの先取権をめぐる論敵ロバート・フックを叩きのめすためであったというのは余りにも生臭いが，フックとの確執に示された頑なさと執拗さや，楯突いたグリニッジ天文台のジョン・フラムスティードにたいする傲慢で冷酷な仕打ちや，ライプニッツとの論戦で見せた執念と姑息さには，リアリティーがある．

本書の面白さは，同時代人の多くの証言によりニュートンの人となりを正にも負にも浮き彫りにしたことにある．ニュートンについて，フックは「権利主張のためには，どんな悪事もやりかねない」と日記に記し，フラムスティードは「陰険で野心的で，賞賛を過度に熱望し，反駁されると我慢できない」人物と語ったそうだが，敗者の怨言というには生々しすぎる．

フックの死後，1703年，王立協会会長におさまったニュートンは以後，死ぬまでの25年間，「王立協会の独裁者」としてその地位にとどまった．「ニュートンの許可がなければニュートン科学の弁明さえしてはならなかった」し，ましてニュートンを批判することは村八分を意味した18世紀前半のイギリス学界の家父長的ニュートン体制を作り出したのはニュートン自身であり，また彼のとりまき連中であった．科学の権威は真先に科学者を呪縛するのだ．

それにしても，ニュートンが学生時代におこなった光学の実験から彼がトリニティー・カレッジのどの部屋に住んでいたかを推定するとか，ニュートン家の家具調度品がすべて深紅色であったことを突き止め，そこからニュートンの貴族的地位への憧憬を読み取るというようなニュートニアンの努力は，評者には，ニュートン学のディレッタント的独り歩きに思われてならない．学問とはそういうものだと言えばそれまでだが．

(『数学ブックガイド100』培風館，1984年4月)

《書評》

『プリンシピア』

I. ニュートン著／中野猿人訳
(1977 年，講談社)

『ニュートン　自然哲学の数学的諸原理』

I. ニュートン著／河辺六男訳・解説
(「世界の名著 26」，1971 年，中央公論社)

人口に膾炙しているわりには読まれることの少ない書物というのがあるが，ニュートン著『自然哲学の数学的諸原理（プリンシピア)』は，さしずめその筆頭に位置していよう．それは物理学史上で文句なしに最大最高の傑作だが，しかし今どき，力学を学ぶために『プリンシピア』を繙く学生も勧める教師もいまい．

『プリンシピア』の最大の歴史的意義は，惑星の運行（ケプラーの法則）から重力を数学的関数の形で導き出し，その重力を媒介に地上と天上の物理学を統一したことに求められる．こうしてアリストテレス以来の地上と天上という世界の二分割はついに克服された．しかしそのようにまとめ上げることは近代的にすぎる．そして古典を直接読む楽しみの一つは，そのような近代的集約から零れ落ちた部分を見出し賞味することにあるのだ．

古典物理学は物質と場の二元論である．この二元論を事実上唱えたのはニュートンだ．ガリレイ・デカルトの機械論は物質から位置と形状と慣性以外のすべての性質をこそぎ落としたが，ニュートンはそこに物質間に働く力——遠隔力としての重力——という異質な観念を導入した．古典物理学はここに始まるが，物質が他に働きかける能力を持つというこの観念はむしろ生物態的世界像あるいは魔術的世界像に由来するもので，大陸のデカルト主義者にもライプニッツにも認めがたいものであった．

ニュートン自身は『プリンシピア』第3版で，重力は，その法則が現象から帰納されかつ現象を説明するかぎりで，その本質を問うことなく重力を認めるという擬似実証主義を表明しているが，それは本心ではあるまい．むしろ重力の原因をどちらかというと精神的実体たるエーテルに求めた『光学』その他での主張が彼の真意に近いと思われる．『プリンシピア』末尾では，空間には無限の精神としての神が遍在し太陽系の秩序はその神の恒なる支配と摂理の顕現であると説いているが，つまるところニュートンにあっては，物質と場の二元論は物質と精神ないし物質と神の二元論と私念されていたのだ．

その後力学は，大陸においてデカルト的汎合理主義に捉え込まれて今日に至るが，それはニュートンのあずかり知らぬことである．現今の教科書にある〈ニュートン力学〉は『プリンシピア』で展開されている〈ニュートンの力学〉とは別物であり，地平を異にする．それゆえ今日じかに『プリンシピア』を読むことは，力学そのものをではなく力学の歴史性を学ぶことであり，近代初頭に人が世界をどう見ていたかを知ることである．そこには多様な可能性が孕まれていた．

それにしても『プリンシピア』は膨大にすぎるという向きには，ニュートンが同時代の神学者ベントリーに与えたアドバイスを引いておこう．いわく，始めの60頁の定理と易しい若干の証明を読み，途中は飛ばして第3編で全体の構成を見，あとは気の向くままに拾い読みをすればよい．口うるさく厳格なニュートンにしてはめずらしく気が利いている．

河辺訳『自然哲学の数学的諸原理』はラテン語からの訳で，訳文も凝っている．冒頭のユニークな解説はそれだけでも価値がある．惜しむらくは，縦組のためただでさえ煩わしい幾何学的記述が輪をかけて追いづらくなったことだ．

中野訳『プリンシピア』はモット英訳を底本とするが，読み易く注が親切で詳しいのは有難い．

それにしても訳はどちらも大変だっただろうな．

（『物理ブックガイド100』培風館，1984年5月）

《書評》

『チャンドラセカールの「プリンキピア」講義
一般読者のために』

S. チャンドラセカール著／中村誠太郎監訳

(1998年，講談社)

ニュートンの『プリンキピア』ほど有名で，しかもこれほど読まれていない書物も珍しい．とくに現在では，そうだ．なにしろ数百ページにおよぶ膨大な代物で，おまけにその記述は，現代ではなじみの薄い円錐曲線論の諸定理を縦横に駆使し，思いもかけない着想と息の長い幾何学的推論と巧妙な極限操作のアクロバット的な使用にもとづくもので，その1章といわずその命題一つを理解するだけでも多大な思考力と忍耐力を要する．

本書『「プリンキピア」講義』は，一物理学者によるその『プリンキピア』のユニークな解説である．著者スブラマニヤン・チャンドラセカール（1910–1995）は，恒星進化の物理過程の理論的研究によって1983年にノーベル賞に輝いた世界的に有名なインド人天体物理学者で，そのような人物が，晩年になってこのような骨の折れる仕事に挑んだということは，正直いって，それだけでも敬服に価する．

「私は現存のニュートンに関するいかなる文献も読もうとはしなかった．私はプリンキピアを，できるかぎり自分で読んで自分で理解する方法を選んだ」(p. 378) と著者は語っているが，老物理学者がおのれの物理学と数学の素養と強靭な思考力だけを頼りに『プリンキピア』をいかに解読し，幾何学のジャングルをいかに踏破したのか，その過程を追体験するだけでも興味深く啓発的である．

内容は，『プリンキピア』の万有引力論とそれによるいわゆる「世界の体系」の理論，すなわち太陽系の惑星・衛星・彗星の運動の解明，月運動論，潮汐論，地球形状論，歳差・章動論，その他，光の屈折から音速にいたるまで，『プリンキピア』のほぼ全篇におよぶ．その記述は，「私はプリンキピアの命題を解説する際に，ニュートン自身の証明に先立って，しばしば私の構成した証明を，一つながりの方程式と論証とによって与えておいた」(プロローグ) とあるように，解析的な論述を目いっぱい併用したもので，現在の古典力学にある程度通じている者には，これでもって『プリンキピア』のほぼ全貌を知ることができる．

とくに通常の『プリンキピア』の解説書は，定量的にはせいぜい第 1 篇・命題 42 までと球対称な質量分布の作る引力の積分程度で終わり，あとは定性的な議論でお茶を濁しているのが大部分だが，本書は，3 体問題，月運動論，回転楕円体の重力平衡や歳差・章動論，彗星軌道論まで——解析学を駆使して——存分に論じている．この点が，本書の大きな特徴であろう．その意味で本書は『プリンキピア』の解析学的改編であり，現代的解説の書である．

しかし本書でも，3 体問題や月運動論などは決してやさしくはない．もともと『プリンキピア』自体が難物だから仕方がない．はっきりいって本書は，レベルも高くボリュームも重厚で，薄っぺらで手っ取り早い書物しか読まれない御時世には反しているのだが，だからこそ，とくに学生諸君には，ぜひ時間と労力をかけて挑戦していただきたいと思う．

このように，本書は，なかば専門的な啓蒙書ないし教科書としては，きわめて優れた，他に代わるもののないユニークな書物ではあるが，科学史・力学史の書物として見るならば，問題がないわけではない．否！　大ありである．というのも現在の科学史は，歴史的文献を後知恵で解釈し，現代的な観点から評価することを戒めているのに反し，著者は，例えばニュートンがポテンシャル概念を知っていたかのように記し（p. 157，p. 181），また，解析的な摂動方程式を知っていたに違いないと述べ（p. 235），ニュートンのある意味では不明確であいまいに書かれた諸命題を，過度に深読みし，あまりにも現代的に解釈しすぎているからである．

実はニュートンの幾何学的な扱いは，微分方程式にたいしては，天下りに解を与えてそれが方程式の条件を満たしていることを示すことしかできないという限界を有している．ただニュートンによるその解の天下り的な与え方があまりにも巧妙でときには神秘的にすら見えるので，ニュートンは解析的な扱いを知っていて，それで事前に解を出していたのではないかとつい考えたくなる．しかしだからといって，たとえば3体問題の扱いで，ニュートンは摂動方程式を「自分の手許にもっていたことは間違いない」（pp. 55-56）とか，「われわれがここでおこなったのと本質的に同じやり方で，ニュートンがそれらの方程式を導き出さなかったとは考え難い」（p. 240）と語り，ニュートンがその後の解析学の発展をすでに知っていたかのように言いきるのは，やはり独断と言わざるをえない．少なくとも近年の科学史学の実証的研究は，ニュートンが事前に解析的に計算していたという可能性を否定している．

あまつさえ著者は，ニュートンが命題41で，たしかにエネルギー積分に近いものを導きながら，逆3乗の引力にだけそれを実行し，肝心の逆2乗の場合には触れていないのにたいして，ニュートンにとってそれは「子供の遊び」以上のものではなく，だからニュートンは書かずに「包み隠した」（p. 162）としたり，あるいはほかにも，「ニュートンは自分で〔そのような解析的な〕関係（13）を導き出したに違いないけれど，定性的にのみ，そして秘密主義的に議論する方を選んだ」（p. 239），「ニュートンは〔微分方程式に相当する〕式（12）を導いたところで止め，後は読者の力量に任せた」（p. 314）などとしているが，これでは深読みがすぎ，ニュートンを非現実的なまでに持ち上げることになるのではなかろうか．

翻訳については，率直にいってもう少し慎重にていねいにしていただけたらと思うところもないわけではないが，ともあれ大部な書物であり，訳者の労を多としたい．

巻末には原著にない「索引」が付けられていて，ありがたいが，たとえばWilliam THOMSONが「トムソン，ウィリアム・トムソン，サー・ウィリアム・トムソン，ケルヴィン卿」の4カ所に分散して出てきて，しかも452ページの「ケルビン」はそのどこにも入っていないというような具合で，これではせっかくの「索引」が用をなさない．これだけの価値ある書物であり，訳語の選択や人名表記の統一やカナ漢字変換ミスのチェックなども含めて，細部にまでもう少し神経を使っていただければ，もっとよかったと思う．

（『科学』第69号，1999年3月）

11. 物理学の誕生

第1限　古代の自然学と宇宙論
1．はじめに
2．アリストテレス自然学
3．アリストテレス宇宙論
4．プトレマイオス天文学
5．西ヨーロッパ中世
6．宇宙論・天文学・占星術
第2限　自然像の転換にむけて
7．懐疑と批判のはじまり
8．コペルニクスの理論
9．地動説のもたらした問題
10. 16世紀文化革命
11. 二元的世界の動揺
12. ヨハネス・ケプラー
13. ケプラーの法則と力の概念
第3限　近代力学への歩み
14. 魔術的自然観
15. ガリレオ・ガリレイ
16. 重力を認めない機械論
17. ロバート・フック
18. アイザック・ニュートン

第1限　古代の自然学と宇宙論

1　はじめに

今紹介していただいた山本です.

1960年にこの大手前高校を卒業しました. 今から57年前です. 生まれたのが1941年, 日中戦争が太平洋戦争に拡大した年ですから, 早い話がじいさんです.

卒業した直後にここに来たきりで, 本当に何十年ぶりかにここに来ました. 様子は随分変わっています. 校庭が狭いのは昔のままですが, こんな建物はありませんでした. 僕たちの頃は3階建ての建物と2階建てのぼろっちい建物でした. お隣の大阪府庁だけは昔のままです.

本筋と離れますが, もうちょっと感想を話させてもらいます.

僕は今ではもうなくなっている船場中学から大手前高校へと進学したのですが, その6年間, 放課後なにかあれば大阪城へ行ってました. 大阪城の裏側の大阪城公園キレイになりましたね. 何年か前にテレビで大阪女子マラソンを見ました. 大阪城公園の中を走るんですね. あれ見て, 綺麗になっているのでびっくりしました. 僕の高校の頃, 大阪城の裏側は荒れ果てたままで,「アパッチ族」が出没したんですよ. 本当に新聞に「アパッチ族」と出るんですよ.

戦前, 大阪城の裏側には軍の工場, 巨大な陸軍砲兵工廠がありました. これが戦争の末期に徹底的に爆撃され破壊されて，戦後もそれが荒れ果てたまま残されていたのです．軍が残した金属が地下に埋めてあるというような噂が時々流れて，それを盗みに近畿一帯からやってくる人がいるわけですよ．それが「アパッチ族」と言われて，警官隊と追いつ追われつやっていたのです．夏などは草ぼうぼうで，深い真っ暗の堀などがあり，本当に死者がでるようなこともありました．その様子は，そこを舞台にした開高健の1959年の小説『日本三文オペラ』に描かれています．同様に，このことから構想したSF小説『日本アパッチ族』で小松左京がデヴューしたのは1964年です．

僕が中学生・高校生であった1950年代には，まだあちこちに戦争の傷跡が残っていたのです．地下鉄も御堂筋線だけでした．

それが，大阪万博を前後に大阪の町はがらっと変わりました．大阪万博といっても，今の高校生の諸君にしてみたら，生まれる前の大昔のことですね．1970年に大阪の千里丘丘陵で国際万国博覧会というのがあって，あれに前後して大阪の町はがらっと変わったのです．

それにしても，今また大阪で万博をやろうというような話が出ていますが，時代錯誤もはなはだしい．しかもその真のねらいがカジノ，つまり公認の賭博場を造るためというのですから，ひどいものです．

こんなことばかり言っていては，なかなか本題に入りませんね．

(a) (b)

図 11-1 アリストテレス歿 2300 年記念切手

2 アリストテレス自然学

今日の話に入ります.「物理学の誕生」というタイトルですけど, そんな難しい話はしないつもりです.

「物理学」を英語で言うと physics です. それがいつ生まれたのか.

図を見て下さい (図 11-1ab). 二つともアリストテレスなんですが, 左 (a) はキプロスの切手, 右 (b) はメキシコの切手です. キプロスは人口 100 万の共和国です. キプロス共和国の住民の 8 割がギリシャ系で, それゆえアリストテレスの切手を作るのは頷けますが, しかし，なぜメキシコがアリストテレスの切手を作ったのかは，よくわかりません．ともに1978と書かれています．右の切手にMMCCCとありますが，Mが千（Mille），Cが百（Centum），ANOSが年ですから，二千三百年前を表しています．つまり1978年がアリストテレスの死から二千三百年ということで，アリストテレスは紀元前322年に死んだということです．古代ギリシャ末期の人です．

右の切手の足下に，見にくいのですがFISICA Y METAFISICAとあります．メキシコの切手ですからスペイン語であり，英語ではphysics and metaphysicsということでしょう．そして英語のphysicsは，辞書を引くと「物理学」とあります．ではアリストテレス先生はそんな大昔に物理学を作ったのかと言いますと，そういうわけではありません．

アリストテレスのphysicsは「物理学」とは訳さない．日本語では，アリストテレスの「自然学」と訳しています．現代の「物理学」とは違うということです．この「自然学」が「物理学」へ変わっていくということが，言うならば，本日のテーマ「物理学の誕生」なのです．

では「アリストテレスの自然学」と「現代の物理学」がどのように違うのか．学問の内容・目的・方法全部違っています．この辺から話を始めたいと思います．

もともと自然についての学問，いや学問というか，もっと単純に自然の理解，自然の説明というものはどの文明にもあります．

どの民族・どの文明にも自然にたいする理解や言説はあるけれど，古代民族・古代社会においてはほとんどの場合，いわゆる神話的なものの見方が支配しています．つまり，超越者がいて，平たく言うと万能の神様ですね，その超越者が世界を創ったとしています．「天地創造」です．超能力ある存在の意思によって世界が創られた，だから，その後もその超越者が世界を支配し，その気まぐれによって世界は左右されている．「神話的世界」です．

地震が起こったとか大洪水が生じたとか火山が爆発したというのは，人間社会が乱れたのでそういう超越者が腹を立てて人間に罰を与えたとか，増長した人間を諫めるため怖がらせているのだと解釈されます．こういう理解はどんな文明にもあったのですが，このような神話的自然理解をはじめて超えたのが，古代ギリシャの文明でした．

古代のギリシャ人は，自然は自然のうちにもっている動因で変化する，つまり超越者の気まぐれには左右されない，自然自身の論理にのっとり，自然に内在する法則にしたがって変わっていくんだと考えました．古代ギリシャは都市国家と言われていますが，それは奴隷制社会でした．都市の人たちの生活を支えていたのは奴隷の労働であり，そのため労働から解放されて学問に専念する人たちが生まれ，その人たちのなかで自然にたいするそれなりに筋のとおった見方がいくつも生まれてきたのです．

アリストテレスはそのギリシャの都市国家の最後の時代の人で，古代ギリシャの生んだ最大の哲学者と言われています．古代ギリシャは数百年続いたのですが，そのギリシャの学問を集大成した人です．アリストテレスは「天界全体は始まりもなければ終わりもない」と語り，天地創造説を明白に否定しました（『天体論』II-1）[1]．神話の世界では最初はすべて天地創造です．神様がえいやっと世界を創るわけですが，アリストテレスはそんなことはないと言ったのです．自然は永遠の昔から存在し，永遠の未来まで存続すると考えました．

そしてその自然に見られる変化は，自然内部の動因によって，つまり自然自身の決まりなり原因なりによるのだとアリストテレスは述べています．「自然が運動の原理であるということは，自然学者にとっては基本提題」（『自然学』VIII-3）であり「常にあり必然的であるような自然に関しては，何事も自然に反して起こることはない」（『動物発生論』IV-4）．自然についての科学が生まれることのできる前提です．

このアリストテレスが創った自然についての学問が「フィシカ」です．「自然学」と呼ばれています．そのあとに「メタフィシカ」というのがあります．「メタ」というのは，「後に」とか「越える」等の意味を持った接頭辞です．

1）アリストテレスの著作からの引用は，基本的には岩波書店で以前に出ていた『アリストテレス全集』からのもので，各著書の巻と章をローマ数字と算用数字で指定します．つまりII-1は第2巻第1章です．この全集は原典に忠実に正確に訳しており，日本語としてかえって分かりにくいところもあるので，引用にさいしては多少手直しした箇所もあります．

アリストテレスはアテネでリュケイオンという学園を開いていたのですが，アリストテレスが死んだときに，お弟子さんたちがアリストテレスの書いたものを整理しました．「フィシカ」の後にまとめたのが「メタフィシカ」と言われています．そのメタフィシカは，内容的には自然学の根底にあるものを扱っていて，今ではそういうふうに理解され，「形而上学」と訳されています．つまり形而上学は自然学のさらに基礎と考えられたのです．

アリストテレスの世界観と自然像をまとめます．専門に哲学をやっている人たちはいろいろ難しくて面倒なことを言いますが，そういうことに立ち入らずに，自然と宇宙についての議論に限ります．

第一の問題として，世界はつまるところ何で出来ているのか，ギリシャの人たちは，このことを考えたのです．つまり世界の究極の素(モト)としての「元素」は何かと考えたのです．そして，世界はつきつめれば火で出来ているとか，空気で出来ているとか，水で出来ているとか，いろいろ説があったのですが，アリストテレスは，変化に富んだこの自然の事物のもつ性質に着目しました．そして感覚に捉えられるすべての性質は，硬軟，粗滑などの対立性質において現れると論じ，そのすべての対立性質は温冷・乾湿の対立に還元されるとし，その二組の対立性質の可能な四通りの組み合わせこそがすべての性質の基本と考えたのです．

つまり，地上のすべての事物の性質は，〈冷たい―温かい〉，〈乾いている―湿っている〉の二組の対立性質に還元されるのであり，その可能な四通りの組み合わせを表している四つの事物として，冷たくて乾いている「地（土)」，冷たくて湿っている「水」，温かくて湿っている「気（空気)」，温かく（熱くて）て乾いている「火」があり，それから世界が作られている，言い換えれば「冷・乾」の基体としての「地」，「冷・湿」の基体としての「水」，「温・湿」の基体としての「気」，そして「温・乾」の基体としての「火」の４元素が世界を構成しているというわけです．現代の言葉に直すと，「地（土)」は固体一般，「水」は液体一般，「気（空気)」は気体一般，「火」は，あえていえば「エネルギー」ということでしょうか．

そしてこれらが互いに移り変わることによって，自然界の変化，物体の変化が説明されます．たとえば液体としての水が冷えると固体としての氷になり，熱せられると気体としての水蒸気になるのも，この枠組みで説明されます．つまりすべてのものは他のすべてのものに変わりうるのであり，そのため，この４元素からなる世界では生成・変化・消滅が絶えないのです．

そして自然界には，これらの元素からなる物体の性質の変化だけではなく，いろいろな運動つまり空間内の位置や姿勢の変化も見られますが，そのことも次のように説明されます．

土と水は本来的に重く，手を離したら石は真下に落ちる．雨も下に降る．逆に，空気と火は本来的に軽く，だから煙は上昇する．炎も上向いている．それはなぜかというと，土と水の本来の場所が宇宙の中心だからであり，逆に，空気や火の本来の場所が宇宙の中心から離れたところだからです．だから持ち上げられた石ころは，本来の場所からむりやり引き離されたのだから，手を放せば落下する．それはその石ころが自発的にその本来の場所に戻っていくことなのです．その意味で，土と水は本来的に「重い」とされます．なお．石ころは水中で沈み，泥水もほうっておけば上側の水の層と下側の土の層に分離するのは，土は水より重いことを表しているのです．逆に，風がなければ煙は上に上がるのは，空気や火が本来的に「軽い」，つまりその本来の場所が地球から離れた上空にあるからだとされます．

したがってその土と水が地球に向かってまっすぐ落下し，火と空気がまっすぐ上昇するのは，それらの「自然運動」と言われます．それにたいして石ころを水平や上向きに投げ出せば，水平や上向きに飛んでゆくのは，あるいは風で煙が横に流されるのは，外からの働きによる「強制運動」だと説明されます．そしてこの4元素と自然運動・強制運動で地上物体の変化や運動はすべて説明されます．

このようにアリストテレスの自然学は，直接見える自然をそのまま論理化したようなものだと言えます．その意味では，地球が静止しているというのも，地球上の人間の実感をそのまま語ったものですが，アリストテレスの自然学では，地球を造っている土と水の本性によることと説明されます．つまりアリストテレスの世界像では，たまたま宇宙のどこかに地球があり，そのまわりに月や太陽やその他の惑星が回っているというのではなく，地球は宇宙全体の絶対的中心に石や水から成る重量物質が集中・集積することによって構成されたものなのであり，したがって「地球は必然的に〔宇宙の〕中心にあり不動でなければならない」のです（『天体論』Ⅱ-14）.

3　アリストテレス宇宙論

このようにアリストテレスの世界像では，地球上の物体は，つねに変化しているのであり，かならず「重い」か「軽い」かであり，重量物体は動かされてもやがてかならず落下し地上で静止します.

問題はじゃあ，太陽やお月さんはどうなんじゃ，火星や金星はどうなんじゃ，ということになります.

その問いにたいするアリストテレスの回答は，月と太陽と星の世界は別世界ということなんです．ご都合主義だけど，お月さんより上の世界はまったく別の世界だとされます．どういう世界かというと，「エーテル」からなる完全な世界なのです．ここで「エーテル」というのは現在の化学で言う「エーテル」ではありません.『羅和事典』には「エーテル（古代人が考えた上天にみなぎる精気）」とありますが，アリストテレスのいう「エーテル」は，土・水・気・火の４元素にあてはまらない，５番目の元素，永遠に変わることのない完全な元素を指します.「エーテル（aether)」と同じ語源をもつラテン語の形容詞の aeternus には「永遠の，不滅の，不朽の」とあります．英語の eternal にあたるものでしょう．つまりエーテルは不生・不変・不朽・不滅で，したがって天上の世界は永遠に変わることのない世界なのです．

地上の4元素でできている世界にはつねに変化があります．ものが生まれては消えていきます．そもそも地上の事物は本来的に「重い」か「軽い」かのどちらかなわけで，その自然運動としてはまっすぐ地球の中心に向かうか中心から離れるかしかなく，そのような直線状の運動はかならず限界に突き当たり，止まります．「直線上では連続的で永遠な運動はありえない」（『自然学』Ⅷ-8）のです．

それにたいして月や太陽や星たちは，完全な物質からできているんだから，完全な形である球形に決まっているのであり，そしてまた天上の世界は完全な世界だから，新しくものが生まれることも，今あるものが壊れ無くなってしまうこともない，新しく運動が始まることも，今ある運動が終わることもない．終わることのない運動は回転運動しかない，すなわち「神的なものの運動は必然的に不断であらねばならない．しかるに，天は，もちろん神的な物体である以上，……天は本性上つねに円運動する円い物体をもっている」（『天体論』Ⅱ-3）のであり，「運動は連続的であるためには……とくに円運動でなくてはならない」のです（『形而上学』Ⅻ-6）．言い換えれば，天上の元素「エーテル」は重くもなく軽くもない．だから落下することも上昇することもなく，世界の中心から等距離を保って円運動を永遠に続けるのです．

結局「地・水・気・火」の4元素よりなる月下の世界と第5元素「エーテル」からなる天上世界はまったくの別世界というわけで，これがアリストテレス自然学と宇宙論の大前提なのです．

そして実はもうひとつの欠かせない「原理」があります．それは「自然は空虚，つまり真空を嫌う」というものです．「空虚が存在するということは，われわれはこれを否定する」（『自然学』Ⅳ-9）．その根拠としては，自然は無駄なものを作らないとか，何も無い空間が在るというのは論理矛盾であるという，ほとんど屁理屈のような議論もありますが，それらの議論は後からの理屈づけで，結局その根拠も，それまで誰も真空を見た者はいない，真空を造った者はいない，真空を経験した者はいない，という事実にあるのでしょう．夏目漱石の『吾輩は猫である』には，「自然は真空を忌むごとく，人間は平等を嫌う」とありますが[2)]，実際，少しでも空間に隙間ができれば瞬時に空気が侵入しますから，「自然は真空を嫌う」というのは理屈以前の実感でしょう．

その意味では，地球が静止しているということも，月より上の世界は変化がなく完全な世界であるということも，その最終的な根拠は，それまで知られている限りで，地球の運動を経験した者はいないし，月より上の世界に変化が

2）『夏目漱石全集　1　吾輩は猫である』ちくま文庫，p. 290.

現れたという言い伝えもない，という経験的事実のみにもとづくことなのです．要するにアリストテレスの自然学は，万人に蓄積された経験の論理化としての幾つかの命題を疑うことのできない絶対的な原理として置き，そうしてひとたびそのような原理が置かれたならば，後はそれを絶対的なものとして，そこから純粋に演繹的にさまざまなことを論証して作られたものなのです．

アリストテレスの宇宙論は，そのような自然学にもとづいて作られた宇宙像です．

さて，地球から見ると天空には，いくつもの星座によって区分けされた，たがいの位置関係の変わらないおびただしい数の光る点があり，それらは地球を中心とするでっかい球面としての天球にちりばめられていて，その球面が1日1回西向きに回転——日周回転——してゆきます．これらの光る点は，明るさも相互の位置関係も変化が見られないので「恒星（fixed stars）」と呼ばれています．つまり天球はおびただしい数の恒星がちりばめられた巨大な球（恒星天球）なのです．そしてその恒星天の日周回転にたいして太陽と月はちょっとずつ遅れてゆきます．そのほかにも五つの動く輝点があります．当時知られていた金星と水星と火星と木星と土星の五つです．これらは「惑星（planets）」と呼ばれています．それらも大きな恒星天球の日周回転にすこしずつ遅れてゆきます．その動きを恒星天に相対的に見れば（つまり恒星天を止め見れば），東向きにゆっくり動いてゆきます．

地球から見ると，太陽は朝，東の空に昇り，夕方，西の地平線に沈んでゆきますが，天球の日周回転にくらべて1日あたり時間にして4分弱，角度にして1度弱おくれます．そのため天球の日周回転を無視するならば，24時間÷4分＝360ゆえ，360日あまり（もう少し正確には約365日と4分の1日）をかけて地球のまわりを一周します．これが1年です．同様に，月や惑星たちも，それぞれの周期で地球の周りを周回します．

アリストテレスをはじめ古代のギリシャ人は，その移り変わりをどういうふうに説明したのかと言いますと，地球と恒星天球のあいだには地球を中心とする何枚もの水晶のような透明な球殻（シェル）が詰まっていて，月と五つの惑星と太陽はそれぞれの球殻に埋め込まれた光る物体あるいは光る点で，その球殻がそれぞれの周期で回転して月や惑星や太陽を動かしているとしました．

ところで「惑星」の英語はplanet，語源はギリシャ語のπλάνος（さまよい）ですが，実は日本語の訳語が二つあります．今ではほとんどの本は「惑星」としていますが，「遊星」としている本もあります．なんで訳語が二つあるかというと，大学間の面子と意地の張り合いの結果なんです．かつて東京帝国大学というのと京都帝国大学というのがあって，日本に西洋の天文学が入ってきた頃に東京帝国大学の理学部の偉いさんたちがplanetに「惑星（惑う星）」という訳語をあてたら，京都帝国大学の偉いさんたちは，東大の先生が勝手に言葉を作ったことに反発して

「遊星（遊ぶ星）」という言葉を作ったということです．これは昔，物理の偉い先生からじかに聞きました．両大学の偉い先生たちは，たがいに対抗心を持ってつまらないことに張り合っていたのですね．

プラネットがなんで「惑う星」とか「遊ぶ星」と言われたかというと，これは素直にすーっと一方向に動いてくれないからです（図 11-2）．図は，地球から見た火星の動きです．恒星天を背景にして見ると，火星は通常西から東に回ってゆくのだけれども，あるところで一瞬止まって，ひき返して（逆行），また止まってあらためて東向きに回っていく運動（順行）をします．この現象は木星にも土星にも見られます．他方で，水星や金星では，太陽からあまり離れることなく太陽を追い越したり太陽に追い越されたりして，回ってゆきます．金星が「明けの明星・暮れの明星」と言われる所以です．これが「惑う星」あるいは「遊ぶ星」という言葉の由来です．

この不規則な運動にたいして，それを「惑う」と見る東大の先生方と「遊ぶ」と見る京大の先生方のセンスの微妙な違いを推し量ることができるような気がします．

ところでアリストテレスの理論では，天の物体のする運動は等速円運動だけですから，それぞれの惑星がひとつだけの球殻で動かされているのでは，こういう複雑な現象は説明できません．そのためにアリストテレスや古代ギリシャの天文学者たちは，それぞれの惑星ごとに複数の球殻を割り当て，その各球殻の回転軸や回転速度をうまく調節す

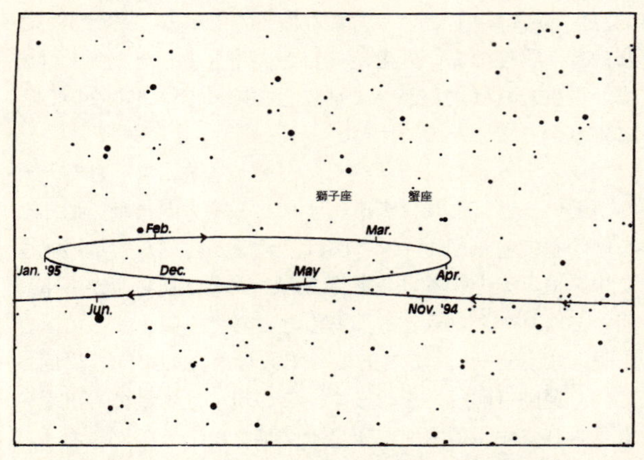

図 11-2　1994 年 11 月から 1995 年 6 月にかけての火星の見かけの進路（A. ファントリ『ガリレオ』みすず書房より）

ることで，その見かけの運動をなんとか説明しました．そのため，それぞれの惑星は，ある厚みをもった球殻の束によって動かされることになります．

その込み入ったメカニズムに立ち入るには及ばないでしょう．ただこのモデルには根本的な欠陥があります．そもそもあまりにも人為的にすぎるし，これでは惑星の正確な動きを精密に指定できないのですが，それだけではありません．この仕組みでは，これらのすべての球殻が地球中心に回るので，地球から惑星までの距離は変わらないわけです．お月さんでもそうです．ところが実際には，月は地球に近づいたり地球から遠ざかったりしています．そのことは直接的には日食の影が大きくなったり小さくなったりすることでわかります．しかしこの球殻モデルでは，このことがまったく説明つかないという欠点があります．

アリストテレスのモデルでは，惑星たちや月の運動について，だいたいの傾向しか予想できなかったのです．つまりアリストテレスの宇宙論は，天体の動きを「定性的」にはそこそこ説明できるけれども「定量的」には説明できません．しかしそのことをあまり気にしていません．ここで「定性的」とは，単に大きい，小さい，重い，軽いという大雑把な指定の仕方で，それにたいして「定量的」とは，何倍大きい，あるいは何キログラム重い，という数量的に精密な指定の仕方を指します．

しかしそれは，単に「大雑把」と「精密」の違いだけではありません．たとえばアリストテレスは，温冷・乾湿の二組の「対立性質」の組み合わせで元素を指定したと言いましたが，私たち現代人から見ると，そういう捉え方はかなり奇妙です．つまり温冷は，私たちにとっては数字で表される温度の高い低いであり，ある物体は自分より高温の物体に比べればより冷たいが自分より低温の物体に比べればより温かいわけで，温冷は絶対的な対立ではありません．乾湿も同様に数字で表される湿度の大小にすぎないのです．つまり性質の「定性的」把握には性質の絶対化がともない，「定量的」把握には性質の相対化——量的一元化——にもとづいているのです．そして数学的物理学につながるのは後者の見方なのです．

結局，アリストテレスの自然学は性質の学問であり，精密な数値や厳密な数学を必要としなかったのです．実際彼は「数学の方法は自然学の方法ではない」とまで言明しています（『形而上学』II-3）．ずっと後，17世紀になってガリレイは，自著の対話篇でアリストテレス主義者の口から「自然学的科学においては，正確な数学的明証性を求める必要はありません」と語らせています（『天文対話』第2日）[3]．惑星の地球からの距離の変化が正確に表されていないというようなことは，アリストテレスにとっては二義的な問題だったのです．

なおアリストテレス理論では，自然は真空を嫌い何もない空虚な空間の存在は認められないので，各惑星に割り当てられた球殻の束は，その上下の惑星の球殻の束にぴったり接触し，また，もっとも上部にある惑星（土星）の球殻の上面は恒星天球にぴったり接していることになります．そのため地球から恒星天球までの距離は，ずいぶん小さく見積もられていました．

いずれにせよ，アリストテレス宇宙論は，天文学としてはきわめて低レベルのものでしかありませんでした．というより，そもそも天文学と言えるようなものではなかったのです．

3）ガリレイの『二大世界体系の対話』は，日本では訳書が岩波文庫から『天文対話』として出版されています．引用は必ずしも岩波文庫の訳どおりではありません．

4 プトレマイオス天文学

古代の天文学の集大成として，プトレマイオス天文学があります．これについて，ときにアリストテレス・プトレマイオス天文学と言われている場合もありますが，実際にはアリストテレスの宇宙論とプトレマイオスの天文学は別のものです．しかしアリストテレスは絶対的であり，プトレマイオス天文学はアリストテレス宇宙論の枠組みの上に作られています．したがって地球中心の天動説は当然のものとされています．

アリストテレスはギリシャの都市国家の哲学者で，頭の中で考えたことを喋ったり本を書いたりしていただけなのです．上に引いたガリレイの対話篇には，物体の加速度運動について「加速度についてアリストテレスは，その原因を与えることで満足し，加速の割合だとか，その他のもっと詳細な特徴については，機械工やもっと身分の低い職人に任せたのです」とあります（『天文対話』第2日）．天体観測でも同様で，アリストテレスはもちろん自分で天体観測などしていません．

しかし古代社会では，ずーっと昔から星を追いかけている人たちがいました．

チグリス川とユーフラテス川の流域の平地バビロニアには紀元前三千年からメソポタミア文明が栄えたのですが，そこにはその古い時代から天体観測を続けている人たちがいたのです．ナイル川流域の古代エジプト社会もそうです．古代社会は農業社会であり，権力者はいつ種を蒔くとかを指示しなくてはいけない．そしてまた，宗教儀式の日取りを決めなくてはいけない．その意味で古代の権力者にとって暦というのは大変重要なものでしたが，暦はもちろん，太陽や月やその他の星の動きを連続的に観測していなければ作ることができません．

だからバビロニアやエジプトのような古代社会では，天体観測のノウハウ（技術と道具）が秘伝として親から子に代々伝えられる世襲制の天体観測の専門家が権力に仕えていたのでしょう．たとえば土星なんか，地球の周りを一回まわるのに約29年，ほとんど人間一世代の時間かかるのですが，それが何回も連続して観測されているのです．このことは，何世代にもわたって観測が継続されてきたことを示しています．

天体観測はまた，星占いあるいは占星術のためにも必要とされてきました．星占いは，日食だとか月食だとか彗星の出現だとかの天に現れる特異な現象が何らかの天変地異の前兆である，あるいは，世界を創った超越者（神）が人間を懲らしめるために立ち上がる，そのお告げであるというような考えにもとづくもので，その場合には占い師が前兆やお告げの意味を解読することになります．

占星術は，そのような旧来の星占いの進歩したもので，王の誕生日の星の配置がその王の生涯を決定しているというようなものから，たとえば土星と水星が地球から見てある角度をとったときには大洪水が起こるとか，金星と木星がある配置になったときには疫病が流行るというような形で，惑星たちの配置や運動が地球上の人間あるいは気象その他になんらかの影響を及ぼすと考えられているのです．

つまり，進んだ形の占星術では，天体観測や気象観測を何年にもわたって継続し，その結果を記録し，惑星の配置や運動と，地上での天候や農作物の出来不出来や疫病の流行等との相関を調べ，そこに法則性を読み取り，その結果を予測に用いるという，ある意味で経験科学的な要素が入っているのです．

占星術の発想は全くのデタラメというわけではありません．たとえば満月や新月のときに潮の満ち干が大きくなります．大潮と言われています．逆に弓張月になったときには潮の満ち干が小さくなります．そういう影響は現に示されています．だから月や太陽以外の星たちが地球に影響を及ぼすことも，必ずしも不思議ではないと，昔は考えられていたわけです．そういった占星術の必要性からも，古代社会では，精密な天体観測が蓄積されていました．その意味で，当時は占星術と天文学はほとんど同義と考えられていました．というか，占星術を離れて天文学なるものがあったわけでありません．

その古代での天体観測の結果を集大成し，太陽，月，そして惑星たちの運動の精密な数学的理論を書き残したのがクラウディオス・プトレマイオス（83頃-168頃）です．プトレマイオスは，アリストテレスから500年くらい後，紀元2世紀140年～150年頃に活躍したアレクサンドリアの学者です．古代ギリシャがローマに征服されたあとのヘレニズム文化を代表する人の一人です．

プトレマイオスが書き残した天文学の書『数学集成』は，ヨーロッパでは一時失われて，イスラム世界で保存されていました．そのためこの本はアラビア語のまま『アルマゲスト』と呼ばれています．「マゲスト」は英語では'majesty（権威）'にあたるのでしょうか．「アル」というのはアラビア語の冠詞で，アラビア語にはいつも「アル」がつきます．アルコールや代数の意味のアルジェブラもアラビア語起源です．「アルマゲスト」というのは「偉大なる書」という意味で，確かにもの凄い本です．今から2000年近く前にこんな凄い本ができてたのかと思うと，圧倒されます．日本語の翻訳も出ています．12世紀末にアラビア語からラテン語に翻訳され，13世紀にはそれにもとづく天体表『アルフォンソ表』がカスティリアのアルフォンソ10世の命により作られています．しかし，大部で数学的で難解な同書が正確に理解されるようになったのは，ずっとのち，16世紀になってからです．

そのプトレマイオスの書は，当時としては精密な長期にわたる天体観測にもとづき，太陽や月や諸惑星の運動を法則化し，数学的に記述した書物であり，相当の精度で惑星たちの運動の定量的予測を可能にしています．

さて，地球から見た太陽や月そして惑星たちの運動は，けっして等速ではないし，円運動でもありません．ひとつの問題は，先に見た惑星運動の逆行現象です．そしていまひとつは，運動がつねに等速ではないということです．後者の問題は，たとえば太陽の運動にも見られます．

プトレマイオスは，地球の自転も公転も考えていないので，当然，天の北極と天の南極をむすぶ回転軸のまわりの恒星天の日周回転を受け容れています．この天の北極と天の南極をむすぶ直線に直交しその直線の中点つまり地球中心をとおる平面が天の赤道面，この天の赤道面が恒星天球とまじわる線が天の赤道です[4]．地球から見た太陽の軌道面はこの赤道面にたいして約 23 度半傾いています．この面を黄道面，黄道面と恒星天球が交わる線を黄道と言います．黄道は恒星天球上に投影された太陽の軌道です．

地球から見ると，太陽は黄道にそってあるとき南から北に赤道を横切り，その後少しずつ北上し，北緯 23 度半でもっとも赤道面から離れ，その後南下し，やがて赤道面を北から南に横切り，さらに南下をつづけ南緯 23 度半でふたたびもっとも赤道面から離れ，その後北上し，やがて再び赤道面を南から北に横切ります．恒星天球上での惑星たちの軌道も，ほぼ黄道にそっています．つまり惑星たちはほぼ同一平面上を周回しているのです．

さて太陽が恒星天球上で天の赤道を南から北に横切るときが春分，もっとも北上するときが夏至，つぎに天の赤道を北から南に横切るときが秋分，もっとも南下し

4）この場合，恒星天の回転軸が地球を貫く点が地球上の北極と南極になります．天動説では地球は自転していないので，地球の回転軸というものはないわけです．そして地球の中心を通り地球の北極と南極をむすぶ直線を二等分する平面が地球の赤道面です．

たときが冬至です．春分から春分までが1年（1太陽年）で，ほぼ356日と1/4日．ところで，プトレマイオスの『数学集成（アルマゲスト）』には，春分→夏至94日と1/2日，夏至→秋分92日と1/2日とあります．ということは春分→秋分が187日，それにたいして秋分→春分が178日と1/4日ということになります．春分から秋分までのほうが時間がかかっているのであり，地球から見て太陽の動きは等速回転ではないということです．

この傾向は現在でも変わりません．実際にカレンダーで調べてみればわかります．そして惑星たちの運動も同様の傾向を示しています．このことが，等速円運動からのはずれのひとつ，つまり等速性の破れです．

等速円運動からのはずれのいまひとつが，前にふれた，火星などの外惑星の場合，東向きに進んでゆき一時後戻りしてまた反転して元の向きに進む，あるいは水星と金星では太陽のまわりで，地球から見てある角度の範囲内で振動して見える惑星運動の逆行現象です．

プトレマイオスは，この二つの現象を再現することのできる惑星運動の数学的モデルを作ったのです．

はじめに言った等速性の破れについては，プトレマイオスはつぎのようなトリックで説明しました．図11-3の太陽や惑星の円軌道において，地球（terra）Tを軌道の中心Oからすこし離れた点に位置させ，中心Oをはさんで地球Tの反対側に等化点（エカント）Eをとり（つまりOがETの中点），$\overline{\mathrm{OT}}=\overline{\mathrm{OE}}$の距離をうまくとると，運動が等化点に

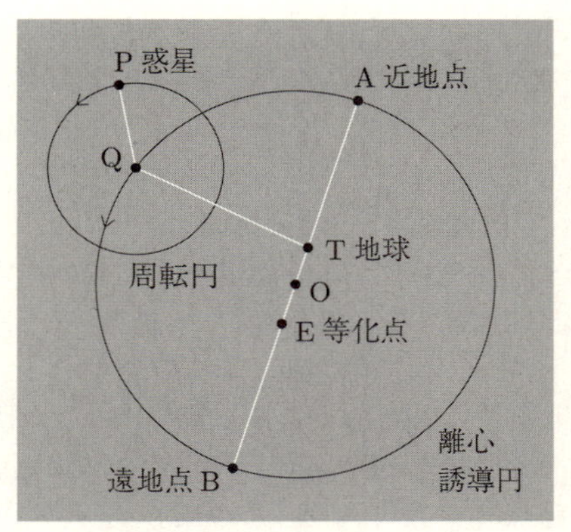

図 11-3　外惑星の運動のプトレマイオス・モデル

関して等速になる，正確に言うと，その点を中心に見たときの回転角速度が一定になることを示したのです．これはすべての惑星軌道に当てはまります．これを「離心円」の仮定と言います．これだけでは大変人為的な感じがします．なぜうまくゆくのか，さしあたってその理由はわからないのですが，結果オーライということです．

当時は，こういう行き方を「現象を救う」と言っていました．現実にそのようになっているかどうかはわからないが，観測される事実つまり「現象」がうまく，ということは数学的に首尾よく，説明されるとして，受け容れられたのです．どのみち，天文学は哲学的な自然学と異なり，本質を問わないとされていたので，それでよしとされていたのです.

この等速性の破れの現象の正確な事実と等速性にかわる法則性は，ずっとのちにケプラーが惑星の運動の正確な法則を見出したときに明らかになり，その理由はその後の力学の発展の中で解明されることになります.

今ひとつの不等性，つまり惑星の逆行現象については，プトレマイオスは「周転円」によって説明しました．つまり火星・木星・土星の外惑星では，Oを中心とする円周上を等速回転する動点Qがあり，惑星Pはその動点Qを中心とするある半径の円軌道上で等速回転するというものです[5)]．動点Qの描く円を「誘導円」，惑星PがQを中心として描く円を「周転円」と言います．この場合，動点Qの運動は惑星の平均運動と見ることができます．他方，水星・金星の内惑星では，水星や金星Pは動点Qを中心としてある半径の円周上を等速回転するのですが，地球から見てその動点Q方向はつねに太陽の方向に一致し，それゆえQの回転周期は1年で，惑星Pの平均運動は太陽の運動に一致します.

結局，プトレマイオス・モデルは，離心誘導円と周転円で惑星の運動を説明し記述するものです．記述に必要なパラメータは，軌道平面の傾きのほかには，誘導円の半径 $a=\overline{\mathrm{OQ}}$ と周転円の半径 $c=\overline{\mathrm{QP}}$ の比，および離心円の離心率 $e=\overline{\mathrm{OE}}/a$ がすべてです.

---

5) ここでは，話をわかりやすくするため離心円の仮説は無視し，地球Tと等化点Eは周転円の中心Oに一致しているとします.

なお，ここで「外惑星」，「内惑星」と言いましたが，実際には，それは太陽中心理論（地動説）の立場で見たときに，地球軌道より外側をまわる惑星が外惑星，内側つまり太陽と地球軌道のあいだをまわるのが内惑星ということであり，地球中心理論（天動説）では意味のない言葉です．あえて天動説の立場で語るならば，地球から見て太陽軌道の外側を回っているか，内側を回っているかの違いということになります．しかし古代の天文学では，そしてもちろんこのプトレマイオス理論でも，それぞれの惑星ごとに誘導円の半径 a と周転円の半径 c の比は観測データから決まるのですが，惑星同士のあいだでの誘導円の半径 a の比はもちろん大小関係もわからないので，地球からの距離の遠近はわかりません．

プトレマイオスをふくめ，古代の天文学が火星・木星・土星を外惑星と判断したのは，ただそれらでは観測される平均運動の周期つまり動点Qの回転周期が1年より長いということから，太陽より遠くを周回しているのであろうと推測しているだけなのです．その意味では，月は地球のまわりをわずかひと月足らずで周回しているので，地球にもっとも近いと考えられていましたが，しかし誘導円の公転周期がともに1年の水星と金星では，地球からの遠近を判断する手がかりがなく，その配列が決まらなかったのです．

それでもプトレマイオスは，惑星の地球からの最大距離と最小距離を算出しています（表11-1）．どのようにして

表 11-1　プトレマイオス・モデルにおける太陽と外惑星の軌道の大きさ（単位は地球半径）

天体	最短距離	平均距離	最長距離
太陽	1160	1210	1260
火星	1260	5040	8820
木星	8820	11504	14187
土星	14187	17206	19865

拙著『世界の見方の転換』p. 70 より

導いたのかというと，惑星軌道についての離心円と周転円の二つの仮定からすると，中心としての地球から惑星までの距離は，ある範囲内にあります．つまりそれぞれの惑星は2枚の同心球のあいだを動いているわけです．これをアリストテレス流に見れば，内部に周転円を動かす球を含むある厚みのある球殻として動いていることになります．ところがはじめに言ったように，プトレマイオス天文学はアリストテレスの自然学と宇宙論の枠内で論じられているのであり，それゆえ自然は真空を嫌い，空虚を作らないという前提を受け容れ，惑星軌道の厚みのある球殻同士はあいだに隙間なくピッタリ接していると考えるわけです．こうして火星軌道の球殻は太陽軌道の球殻に隙間なく接し，火星軌道の球殻と木星軌道の球殻，木星軌道の球殻と土星軌道の球殻も接しているとするわけです．

そしてもちろん，もっとも外側の土星軌道の球殻と恒星天球のあいだに何もない空間が存在することはありえないとして，その両者も接していると考えるのです．したがって宇宙の中心にある地球から恒星天までの距離は19865 地球半径≈2 万地球半径 と考えられていたのです．

地球半径は6400 Km ですから，この表によると地球—太陽間の平均距離は $1210 \times 6400\ \text{Km} \approx 7.7 \times 10^6\ \text{Km}$，それにたいして現在知られている値は，地球軌道半径が1 天文単位 $\approx 1.5 \times 10^8\ \text{Km}$，プトレマイオスのものの約20 倍です．アリストテレスもそうですが，プトレマイオスや古代ギリシャの人々は太陽系と宇宙のサイズを現実よりもずっと小さく見積もっていたのです．

5 西ヨーロッパ中世

さて，時代を下がっていくと，西欧社会では，いわゆる蛮族の侵入からローマ帝国の崩壊の過程でギリシャの学問の大部分は見失われていきます．

その間にヨーロッパで何があったのかというと，第一にキリスト教の浸透と広がりです．そもそもいくつもの民族からなっている地域である西ヨーロッパが文化的にひとまとめに「西欧」と括られるのは，キリスト教があったからです．当初，ローマ帝国で迫害されていたキリスト教は，やがてローマ社会の支配層に浸透し，ローマ帝国の末期には政府から公認されていたのですが，帝国崩壊後，地中海からヨーロッパ大陸内陸部に影響を広め，ゲルマン諸族の上層部の支配層から布教を進めてゆき，世俗権力との結びつきを強め，その組織を確立してゆきました．他方で，各地の権力者たちも，支配の手段として，先進社会の宗教としてのキリスト教を受け容れていったのです．もともとは虐げられた下層民衆の宗教として始まったキリスト教は，権力者の支配のための宗教に変質していたのです．

かくして西ヨーロッパは，実際にはいくつもの民族や国家の集まりではあれ，法王庁（バチカン）の支配する単一の地域として論じられることになります．それぞれの民族や国家の民衆のあいだではそれぞれの土着の言葉が使われていたのですが，キリスト教の組織内部では，古代ローマの言語としてのラテン語が専一的に使われ，そのことがキリスト教社会としての単一性を保証していたのです．

キリスト教の基本的世界像は，はじめに神様が六日間かかって世界を創ったのであり，やがて最後の審判の日を迎えるというものです．その天地創造から最後の審判にいたるまでの途中の期間も，世界は神の恣意に委ねられているのであり，自然科学的には説明のつかない奇蹟も起こりうる，というのがキリスト教の世界です．

他方でアリストテレスは，キリスト教が生まれる以前の人で，その意味ではキリスト教から見れば異教徒であり，実際，天地創造も最後の審判も神の奇蹟も認めていません．だからアリストテレスの自然観とキリスト教の教義は，本来は相容れないはずのものです．

ローマ帝国崩壊後，古代ギリシャの学問の多くが西欧では見失われていったと言いましたが，それを熱心に学び保存していたのがイスラム世界でした．当時はイスラム世界の方が文化的には圧倒的に先進国だったのですね.

12世紀ぐらいになって，イスラム社会経由でヨーロッパは，アリストテレスの著作もふくめて古代ギリシャの学問と思想を再発見し，原典のギリシャ語から，あるいは翻訳されていたアラビア語から，ラテン語に翻訳していくことになります．西欧の知識人たちは，意欲的に翻訳に取り組んでいったのです．そしてその翻訳によってもたらされた膨大な知識を保存し教育し伝達するための組織として，大学が生まれました．大学は中世ヨーロッパの発明品なのです．もともとは教師と学生の組合として発足した大学は，キリスト教会と結びつくことによりその組織の存続を図り，他方でキリスト教会も，大きくなったキリスト教組織の維持のために必要な高級聖職者を育成するための施設として，大学を存続させてゆきました.

そもそもキリスト教は，当初，知的好奇心のようなものを忌むべき欲求であるとして否定していたのです．そればかりか，初期には聖書に書かれていることを信じなさいと言っていたキリスト教は，やがて組織が大きくなり官僚化すると，組織防衛の観点から，聖書そのものではなく教会の言うこと，つまり公認の教義だけが真理であり，教会の教えだけ信じなさいと指導するように変質していきました．聖書を勝手に解釈することは許されなくなり，公認の教義をはずれることは異端としてきびしく糾弾されたのです．日本は明治になってキリスト教に接したのですが，その当時でも，森鷗外の小説では「寺院を真理の専売所にして，神よりも福音よりも寺院を信ぜさせようとしているキリスト教」と，登場人物が語っています[6)].

それにたいして「すべての人間は生まれつき知ることを欲する」と『形而上学』の冒頭で宣言したアリストテレスは，知的好奇心を肯定したのです．そして大学で知的訓練を受けた知識人たちは，アリストテレス哲学の壮大な体系に圧倒され，その世界像に魅せられていったのです．

こうしてアリストテレスの哲学が知識人のあいだに浸透してゆくにつれて，宗教の真理と哲学の真理があるという二重真理説が語られ，知識人のアリストテレス主義と教会のあいだの軋轢は高まっていったのですが，キリスト教の側もそれを無視できなくなり，14 世紀の頃には，アリストテレスの理論を公認するに至ります．そうして生まれたのが，中世の西欧の大学で講じられるようになった「スコラ哲学」なわけです．そのへんの論理は理解しがたいところもありますが，深入りしても仕方がないでしょう．

アリストテレス哲学とキリスト教の教義の統合について，その論理はともかく，その現実は見ておく必要があります．

西欧中世の人たちが競って古代文献を探し求め意欲的に翻訳に取り組んだ背景には，実はそれまで，ヨーロッパの人たちに古代崇拝・古典崇拝（文書崇拝）の思い込みがあったことが指摘されています．古代ギリシャの人間は近い

---

6)　森鷗外『かのように』『鷗外近代小説集』第 6 巻 p. 70.「福音（ふくいん）」はイエス・キリストの説いた神の国と救いの教え.

時代の人間より優れており，さらに遡って大洪水以前の預言者たちは，神により近いいっそう優れた人間であって，神から授かった真理を我が物にしていたと，本気で信じられていたのです．その後，人間は次第に堕落してゆき，その大切な真理を忘れていったと考えられていたのです．これは進歩史観の逆，退歩史観ですが，そのような発想は，人間は原罪によって堕落したという，キリスト教の教えにも馴染むものでした．

そんなわけで古代の賢人の書は，太古に神から授かった知恵を伝えるものであり，たとえキリスト教誕生以前のものであろうとも，正しく理解されたならば必ずやキリスト教に導くはずのものである，アリストテレスの哲学は，異教徒のものであれ，古代人の知っていたその神聖な知恵を明るみにだしたものであり，それゆえ彼の哲学は，神の真理すなわち聖書の教えと矛盾するはずはない，というのが，アリストテレスを積極的に受け容れていった人たちの思い込みでもあったのです．

ところで15～16世紀のルネサンス期の人文主義者たちは，キリスト教会による古代文書の護教論的改竄を免れた，より自由にのびやかに人間性を描いている古代作家の原典を探し求めたのですが，その背景にも，このような古代崇拝があったのです．

実際にはキリスト教にしても，アリストテレスの二元的世界とはそれなりになじみやすいところもありました．

先に世界の底に沈む4元素よりなる現存世界と，その上にあるエーテルからなる完全な世界としての月や惑星さらには恒星天を語りましたが，アリストテレスの『宇宙論』にはさらに「これらの五つの元素〔地・水・気・火そしてエーテル〕が全世界を成り立たせ，そして上方の部分全体は神々の住居に，下方の部分はうつろいやすき生物の住居に指定した」とあります[7]．

アリストテレスの自然学では，無生物は，他の何かによって動かされなければ，自分では動くことができないとされています．「動くものはすべて何かによって動かされるものでなければならない」（『自然学』Ⅶ-1）のです．それゆえ天の物体，太陽や月や諸惑星を含んで回転しているいくつもの天球はすべて何かによって回転させられているのですが，それを順に遡ってゆくと，最後は運動の究極原因として自分自身は動くことのない「最初の動かすもの（第一原因）」に辿り着くわけです．そしてそれこそがアリストテレスの神――「永遠にして最高善たる神」――に他ならないのです．その運動の第一原因が第一天としての恒星天球を回転させ，その回転によって土星や木星などの惑星や太陽や月の球が順に動かされ，それらの動きによって地上での四季の移り変わりが生じ，大気の循環や気象の変化がもたらされる，これがアリストテレスの描き出した宇宙（ウラヌス）であり世界（コスモス）なのです．

7）『宇宙論』3 章．『宇宙論』がアリストテレスの真筆ではないとの見方もあるようですが，アリストテレス主義者のものであることには違いがないでしょう．

他方でキリスト教は，キリスト教なりの解釈で，そのアリストテレスの世界観を受け容れていったのです．図11-4は14世紀中期の書物に載せられた版画ですが，最上部の天上世界には，頭上に王冠をかぶりさらにその上空に鳩が飛ぶ「子なる神」とその両側に「父なる神」と「聖霊なる神」を配した三位一体を象徴している3人の人物像が中央に描かれ，その両サイドには背中に翼を持つ天使が3人ずつ配された，その意味で，端的にキリスト教の有していた宇宙像でしょう．

しかしこの図を下から見てゆくと，一番下に地があって水があって空気があって火があって，その上に月があり，星がふたつ，どっちがどっちかわかりませんが水星と金星があり，太陽があり，火星と木星と土星があって，その上に恒星天があります．これはアリストテレスの二元的世界にほかなりません．キリスト教は，アリストテレスの宇宙像を自分なりに解釈してほぼそのまま受け容れていたのです．アリストテレスの描くこの位階的な宇宙が，中世の身分制社会に親和していたという面もあったのでしょう．

そもそもキリスト教では，「原罪」を背負わされて堕落した人間の這いつくばっている地上世界は，神の住む清らかな精神的世界からもっとも離れた賤しい物質的世界なのであり，その点においてもアリストテレスの語る宇宙とのあいだに大きな軋轢はなかったのでしょう．

他方で図11-5は，大学で数学や天文学を学び，一時は大学の教壇にも立ち，その後，天文学や地理学の書をいく

図 11-4　最下層に土と水があり，人と動物が住み，植物が生え，その上に空気の層と火の層があり，さらに月，水星と金星，太陽，そして火星・木星・土星があり，その上の恒星天のさらに上に神が住まう，西欧中世のキリスト教の描く世界．中世の最もポピュラーな百科事典のひとつ，コンラッド・メーゲンブルクの 1349〜50 年の『自然の書（*Buch der natur*）』より．

図 11-5 西欧中世に受け容れられていたアリストテレスの地球中心宇宙．最外殻のさらに外側に「至高の天　神およびすべての選ばれし者の住居」とある．ペトロス・アピアヌスの 1524 年の『天地学の書（*Cosmographicus liber*）』より．

つも著したペトロス・アピアヌスの 1524 年の『天地学の書』に付されていたアリストテレスの宇宙像です．

真ん中に土・水・空気・火からなる球形地球があり，その外側には，順に月，水星，金星，太陽，火星，木星，土星の球があり，その上に恒星天球があり，そのさらに外側には，'COELUM EMPIREUM HABITACULUM DEI ET OMNIUM ELECTORUM（至高の天　神およびすべての選ばれし者の住居）' とあります．大学で学んだ知識人も，アリストテレス的宇宙とキリスト教的宇宙の融合を進めていたのです．

かくして形成されたスコラ哲学により，汚れた人間が住まう地球が最下層に位置し，そのまわりを神聖な天体が周回しつづける宇宙像は，アリストテレス哲学とキリスト教の，つまり学問と宗教の二つの権威で支えられることになり，大学と教会で公認教義として語られるに至ったのです．

6　宇宙論・天文学・占星術

学問的な知のあり方についても，キリスト教はアリストテレスと手を組むに至ります．キリスト教神学にアリストテレス哲学を受け容れて，アリストテレスの言う「第一原因」としての神をキリスト教の神に読み替え，大学で教えられていたいわゆる「スコラ学」つまり学校哲学なるものを作り上げた13世紀の大神学者トマス・アクィナスは，「事物はその定義や本質によらなければ知解されえない」と語り，アリストテレスの学問の理念と方法を受け継いでいます．ここでも，本来の意味での学問的な知は，事物の運動や属性をその「本性」すなわち「定義」から論証することにあると考えられていました．

アリストテレス哲学は，キリスト教の教義と一体化されることによって，中世西欧社会で権威を獲得したのです．

大体，以上がプトレマイオスの天文学，そして古代天文学の到達地点の概略です．アリストテレス自然学と宇宙論の前提はかたく護られています.

プトレマイオスの時代からコペルニクスの時代までの天体観測の精度は角度でいって，10分ほどです．1度の60分の1が1分ですから，1度の6分の1の精度になりますが，その範囲では，プトレマイオスの惑星理論は惑星の運動を十分よく説明していました．プトレマイオス・モデルは，とてもよくできていたのです.

そうすると私たちの理解では，こういうふうに天体を精密かつ継続的に観測し，当時としては高等数学であった球面三角法まで使ってその動きを数学的に記述し，それにもとづいて惑星の位置を定量的に予測し，そして実際の観測と突き合わせてその確かさを判断することができる，というプトレマイオス天文学の行き方は，言うならば現代の仮説検証型の理論のあり方そのものであり，それゆえ現代的な観点からでは，精密な観測にはもとづかず定量的な検証には耐え得ないアリストテレスの作り話みたいな宇宙論よりはるかに優れているではないかと思います．しかし，古代においてはそうは考えられていなかったのです.

アリストテレスの『自然学』には，自然学者は「太陽や月などのなにであるか〔本性〕を知ることこそみずからの任務とする」とあり（II-2），そして同時に『形而上学』では「算数学や幾何学はいかなる実体をも研究しない」と言明しています（XII-8）．それは，「事物はその定義や本性によらなければ理解されない」とする立場であり，他方で量的な規定や，観測される数値というのは事物の本性に関わるものではないと見なされていました．あるものが量的に多くとも少なくとも，大きくても小さくても，そのものの本質が異なるわけではないと見られていたのです．そのうえ，人間による観測には誤差がともない厳密に正確とは限らないということもあり，その意味で，言葉による厳密な定義とそれにもとづく間違うことのない論証（三段論法）による学問のほうが，誤差のともなう実験や観察にもとづき，定量的規定についての数学的推論よりも信頼性が高く，それゆえ，論証的哲学としての自然学や宇宙論のほうが，数学的な観測天文学よりも学問的に上位にあると見られていたのです．

そしてその序列意識は，コペルニクスの時代になっても，基本的には変わっていなかったのです．

16 世紀になっても，フィレンツェの神学者ジョバンニ・マリア・トロサーニは，ちょうどコペルニクスの書が出版された年である 1543 年から 47 年にかけて開催されたキリスト教会のトリエント公会議で「上位の学問」としての神学や自然学にたいして，数学と天文学をあからさまに「下位の学問」と語っていたのです：

> 下位の学問は上位の学問によって証明された諸原理を受け容れる．実際，下位の学問は上位の学問を必要とし，それらは相互に助け合うという仕方で，すべての学問は相互に関連している．現実に，天文学者は，まず最初に自然学を研究しなければ完全ではありえな

> い．というのも占星術〔天文学〕は，天上の物体の自然本性と，それらの本性の運動とを前提としているからである．〔そしてまた〕人は，論理学をとおして論争での真と偽を見分ける方法を習得し，医術，哲学，神学，その他の学問で必要とされる議論の仕方を身につけなければ，完璧な天文学者や哲学者になることは不可能である．（『世界の見方の転換』p. 540）

しかしアリストテレスの運動理論も，中世末期には欠陥がいろいろ明らかになってゆきました．アリストテレスの力学では，先に言った「自然運動」以外で物が動くのは，外から何かがその物体に接触してその物体を動かしているからだと考えられていました．馬につながれない馬車は動かないのです．

ところで手で水平に放り出された物体は，手を離れてからもしばらく水平に動き続けるわけですが，アリストテレスの理論では何がその物体を動かし続けているのかが問題になります．それにたいするアリストテレスの答えは，空気中で物体が動くと，その背後に真空ができるが，自然は真空を許さないので，そこに空気が入り込み，その入り込んだ空気が後ろから物体を押す，というものでした．しかしそれならば前方の空気が運動を妨げているはずであり，この議論はいかにも苦しい．ほとんど屁理屈であり，この点はアリストテレスの運動理論のアキレス腱だったのです．

当然，中世末期になるとそのようなアリストテレスの議論にたいしていくつも反論や異論が提唱されたのですが，不思議なことに，そのどの理論が正しいかを実験的に確かめるという発想はまったくなかったのです．つまり，実物を用いた実験や測定よりも，言葉による論証の方が信頼性が高いと，ここでも堅く信じられていたのです．15世紀になっても，サルディニアの一主教は「実験的知識が科学ないし科学の一部であると主張することは馬鹿げたことである．……自然の科学それ自体ないしそのすべての部分は純粋に思弁的な知識である」と語っていたのです（『磁力と重力の発見』p. 527）．

このようにアリストテレスの哲学的な自然学と宇宙論の方が数学的な観測天文学よりも学問上の身分は上なのであって，したがって観測天文学は，アリストテレス自然学の土俵上で，アリストテレス宇宙論の枠組みの中で作られなければならなかったのです．

すなわち，地球は宇宙の中心に静止し，月下の世界と天上の世界は別世界であり，天上の世界の物体がなしうる運動は等速円運動の組み合わせだけであり，かつ自然は真空を嫌うので宇宙空間には何もない空虚な空間は存在しない，というこれだけのことを認め，天文学，すなわち天体の運動の数学的理論はその枠を逸脱しない範囲で構成されなければならなかったのです．

他方では，ほぼ同じ頃に古代ギリシャの進んだ形の占星術，つまり大気の変化や気象の変動，人間をふくむ動物の生理や行動，植物の生育等々の月下世界の森羅万象はすべて星辰の影響下にあると考える占星術（自然占星術）も，西欧社会に伝わってきています．アリストテレス自身は，知られているかぎりでは直接には占星術に言及してはいないようですが，しかしたとえば『気象論』では「〔4元素から構成される月下の〕この世界は必ず上方における運動と何らかの仕方で連続していなければならない．そのため，この世界の力はすべてそこ〔天上の世界〕から統制を受けている」と語り（『気象論』I-2），占星術にたいして理論的根拠を提供していたのです．

じつは，12世紀に西欧の知識人がアリストテレスの学説にはじめて出会ったのは，「アリストテレスの自然学著作から多くの観念，概念を組み入れている占星術書」であるアッバース朝の占星術師アブー・マアシャルの『占星術入門』を通してであったと言われています．アリストテレス自身の諸著作がラテン語に翻訳されはじめる以前です．そしてこのマアシャルの『入門』は，二度にわたってラテン語に訳され，ほぼ2世紀にわたってラテン世界に影響を与え続けたのです（『世界の見方の転換』p. 159）．

それだけではなく，地球から天上世界までの距離が近く，またその間に真空はなくエーテルや大気で満たされていると考えられていたアリストテレスの世界像は，天の物体が地球に影響を及ぼすという占星術の議論とよくマッチしていたのです．13世紀の哲学者ロジャー・ベーコンは，1265年の著書で「天の諸事物が普遍的な原因であるばかりか，下位の諸事物にたいする固有のそして個別の原因であることはアリストテレスによって証明されている」と語っていたのです（『世界の見方の転換』p. 160）．

そもそもこの時代，占星術をはなれて天文学という学問が別に存在していたのではなく，西欧社会は，イスラム社会からアリストテレス哲学そして古代ギリシャの天文学とともに占星術思想を受け容れていったのです．

プトレマイオス自身も占星術の書『四巻之書（テトラビブロス）』を著していたのであり，これも『数学集成（アルマゲスト）』とともに西欧に伝えられてゆきました．

当初キリスト教は占星術を禁じていました．「キリスト教は，人間の自由を否定し神の全能さえも制限しかねないように見えた占星術を，異教かつ魔術とみなして敵視した」（テスター『西欧占星術の歴史』第５章，山本啓二訳，恒星社厚生閣）のです．神様をさしおいて天体が人間や自然に影響を与えるなどというようなことは，神を冒瀆することである，とくに星辰が人間の運命を左右すると主張することは，人間の自由意志を否定するものであり，許すことはできない，というのがもともとのキリスト教の立場でした．人は自由意志を持って自分の責任で行動するからこそ最後の審判で裁かれるのであり，自由意志が否定され運命が星辰に委ねられているのであれば，人は行動の責任を問われなくなるからです．

しかし，世俗的な君主たちはだんだん占星術に惹かれてゆき，さらには囚われてゆき，ルネサンスの頃になると，占星術はひろく西欧の人たちの心を捉えていったのです. 「14世紀末および15世紀初頭までに, ヨーロッパの世俗の宮廷や教会では, かなりの数の占星術師が活躍していた」(テスター 同上) と言われています. そればかりか聖職者のあいだにも占星術の影響は浸透し, 教会も正面きって弾圧しきれなくなってゆきました. その後, キリスト教徒の哲学者が, 物体は非物体的なるものに作用することはかなわない, それゆえ天体は人間の身体には作用しても人間の精神や意志には作用することはないと語ることで, 自由意志を占星術の支配から解放する理屈を編み出したこともあり, よくわかっていないところもありますが, キリスト教は, 表向きはともかく, 結果的には占星術を黙認することになったようです.

占星術の守備範囲は大変に広くて, 気象予報から人間や国家の運命の予言にまで及んでいます. だから世俗の君主たちはなにごとも占星術に頼って, 開戦の布告から条約の調印, さらには旅立ちやお姫様の婚礼の日取りまで, いちいち占星術師に占わせたと言われます.

ようするに占星術師は, 世俗の権力者たちから重宝されていたのです. ということは, そのための天体観測に日々たずさわり, 天体の運動を研究することで喰っていける人間が生まれていたということです. つまり「宮廷数学官」という立派な肩書きを与えられて君主に雇われるということです. こうして, 星を観測し, 惑星の運動を予測し, 惑星の配置から地球への影響を読み解くことを職業とする

「天文学者」が生まれてきたのです.

そのことはもちろん, 天体観測自体をも進歩させることになりました. それとともに, アリストテレス宇宙論やプトレマイオス天文学をより深く研究する必要がたかまり, そして同時に, それまでの宇宙論や天文学に対する不満や疑問も生まれてきたのです.

第2限　自然像の転換に向けて

7　懐疑と批判のはじまり

じつはこの時代, 天文学にかぎらず古代から伝えられ, そしてこれまで神聖視されてきた学問にたいする批判や疑問が芽生えてきていたのです.

その点について何の影響が大きいかというと, やはり一番は, 1492年にコロンブスが大西洋を横断して西インド諸島に到達し, それにつづいて南北アメリカ大陸が発見され, 1498年にはヴァスコ・ダ・ガマがアフリカ大陸の南端を周回してインドに到達し, そしてマゼラン一行が, 発見された南米大陸南端をまわり, それまで西欧の人間が知らなかった巨大な大海である太平洋を横断して1522年にヨーロッパに帰還するという, たてつづけの地理上の発見でしょう. その大航海時代の経験は, 西欧の人たちに, それまで知られていなかったおびただしい知識をもたらしたのです.

アリストテレスの『気象学』には「回帰線のむこうがわ〔南北回帰線のあいだ〕には人は住むことができない」

（II-5）と明記されていますが，アリストテレスにかぎらず古代人の書いた本には，サハラ砂漠より南は暑くて人が住めないとか，赤道の向こうには人は行けない，大西洋の西の端や南の端にはもはや引き返せなくなる領域がある，等のことがいくつも書かれています．

しかし大西洋の西には別の巨大な陸地があり，南米大陸やアフリカ大陸の南方にも温暖な地域があり，人が住んでいることもわかってきました．コロンブスの第一回航海のちょうど半世紀後，1542年にフランス人の医師ジャン・フェルネルは宣言しています：

> 私たちの時代は古代人が夢想だにしなかった事柄をなしとげている．……大洋は勇敢なわれらが時代の船乗りたちによって乗り越えられ，新しい島々が見出されている．はるかなるインドの奥地も明らかにされた．新世界と呼ばれる，われらが先祖の知らなかった新大陸は，その多くの部分が知られるようになった．……当代の航海者たちにより新しい地球が私たちに与えられたのである．（『一六世紀文化革命』p. 641f.）

コペルニクスの太陽中心理論の書が出版され，ポルトガル人が東の果てに到達し，種子島（たねがしま）に漂着する1年前です．

そもそも小さな島ではなく，巨大な大陸の存在すらこれまで知られていなかったではないか．土地にせよ動植物にせよ人間にせよ，古代人の知らなかった事柄はいくつもあり，古代の文書には間違いも書かれているではないか．古代人が言っていることはどれもみな正しいと思っていたが，どうも違うんじゃないか，古代人の書いた本よりも俺たちの直接的な経験の方が正しいんじゃないか，と考えるようになってきたのです．そんなわけで古代の文書にたいしても，ただありがたがるだけではなく，批判的に読み始めたのです．人々の関心が，古代の文献から新時代の現実の経験へと向けられてゆき，学問の方法が文書の訓詁と釈義から自然の観察と測定へと変化してきたのです．

大航海時代は，古代文明の輝きに圧倒されていた西欧に独り立ちへの自信を与えるきっかけであったのですが，それは同時に，ヨーロッパ大陸の片隅に蟄居していた西欧諸国が文化的・経済的そして軍事的に世界支配に乗り出す端緒でもあったのです．ポルトガル人が種子島に鉄砲を伝えてから6年後，1549年にイエズス会の宣教師フランシスコ・ザビエルが鹿児島に到着します．西欧の人々は片手に銃，片手に聖書を持って世界に広がっていったのです．

ともあれ西欧の人々は新しい地球を発見し，その新しい地球に君臨する第一歩を踏み出したのであり，したがって地理学の改革へと駆り立てられることになったのですが，それは地理学と密接にかかわっている天文学の見直しをも促すものであったのです．実際にも，プトレマイオスは天文学書である『数学集成（アルマゲスト）』のほかに古代地理学の集大成と言うべき『地理学（ゲオグラフィア）』を残していたのであり，16世紀になって，プトレマイオス地理学の発見そして見直しとともにに，それまでのプトレマイオスの天文学やアリストテレスの宇宙論にたいする冷静で批判的な見方が次第に語られるようになってきます．

そのプトレマイオスの『数学集成（アルマゲスト）』ですが，同書は12世紀末にはアラビア語からラテン語に翻訳され，13世紀にはそれにもとづく天体表『アルフォンソ表』が作られていたので，西欧社会でまったく見失われていたというわけではありません．しかしその翻訳はあまり正確ではなく，そもそも大部で数学的にも難解な同書が読まれることもほとんどなく，せいぜいのところその抄訳として作られたきわめて初等的なサクロボスコの『天球論』つまりアンチョコが読まれていたにすぎなかったのです．その限りで，プトレマイオス天文学も無批判に受け容れられていました．プトレマイオスの本というのはものすごく難解な本です．数学も球面三角法などの難しい数学を使っています．当時それを読める人はきわめて限られていたのです．

しかしその難解なプトレマイオス理論についても，安直な要約本に書かれている結果や天体表の数値を無批判に受け容れるのではなく，そもそもプトレマイオスはその結果をどのように導き出したのかという問題意識が生まれてきたのであり，その数表の成り立ち，それを導き出した数学的な議論を読み解こうとする人も生まれてきました．

その事実上閑却されていたプトレマイオスの『数学集成（アルマゲスト）』に初めて正面から批判的に取り組んだ先駆者が，15世紀のゲオルク・ポイルバッハ（1423–61）とその教え子である，ラテン名レギオモンタヌスことヨハネス・ミューラー（1436-76）だったのです．ポイルバッハはウィーン大学で古典文芸を講ずる人文主義者でしたが，天文学にも関心が高く，大学と別におこなった講義録として『惑星の新理論』が残されています．そして彼は，プトレマイオスの『数学集成（アルマゲスト）』の正確な翻訳を目指したのであり，ポイルバッハの死後，その仕事を引き継いで『プトレマイオスのアルマゲスト要綱』として完成させたのが，レギオモンタヌスでした．ここに，古代のプトレマイオス天文学にたいする批判的な研究が始まったと言えます．

その批判は，単に理論上の批判にとどまらず，実際の天体観測にもとづく検証へと発展してゆきます．レギオモンタヌスは，新しい天文学理論を創り上げるために，ニュールンベルクに居を構え，当地の商人ベルナルド・ヴァルターの協力を得て，みずから天体観測のための機器をも製作し，継続的な天体観測を開始し，さらには生まれたばかりの印刷術を使って天文学書・数学書の出版まで始めたのです．最初に出版したのは，師ポイルバッハの講義録『惑星の新理論』でした．

レギオモンタヌス自身は，働き盛りの40歳のとき，みずからの天文学改革の目標を達成することなくイタリアで客死しました．しかし，教会組織に頼ることなく新興ブルジョアジーをスポンサーとして私設観測所を立ち上げ，単に文献批判として天文学理論を研究するだけではなく，みずから観測機器を設計し観測に取り組み，その成果を印刷物として出版するという彼の行き方には，学問研究の新しいあり方が確実に息吹いていることが見て取れます．

8 コペルニクスの理論

こうしてニコラウス・コペルニクス（1473-1543）の登場を迎えます．これがコペルニクスです（図 11-6）．

ポーランド北部のトルニ（ドイツ語でトルン）に生まれ，クラクフの大学を終えて後にイタリアに学んだコペルニクスは，北ヨーロッパの片隅フロンボルクの聖堂参事会員として一生を終えます．

生まれた地が一時ドイツ領（プロシア領）だったこともあり，ドイツではコペルニクスをドイツ人のように語っている書もあるようですが，これにはポーランドの人たちが怒っています．コペルニクスは，なにもポーランド国家の

図 11-6 ニコラウス・コペルニクスとその太陽系

ために天文学を研究したわけではないでしょうが，なにしろ16世紀のコペルニクスは，19世紀のショパンそして20世紀のキュリー夫人とならぶポーランドの生んだ輝く星なのであり，何年も外国に支配されてきた国民にとって，お国自慢を奪われるのは許しがたいことなのでしょう．

さて聖堂参事会員というのはキリスト教会の行政官です．牧師さんではありません．教会の会計をしたり，支配区域の農業指導をしたり，ようするに雑事万端，教会のマネジメントが仕事です．若いときにイタリアに留学し，医学も学んでいるので，ときに医者の働きもしています．教会に勤めていたということは，その当時でいえば身分と収入が一番安定していたといえます．

そういう状態でコペルニクスは，僻地で一人で，ときには天体観測もおこない，天文学書を読み，計算を続け，自身の天文学書，大部な『天球回転論』を書き上げました[8)]．地動説を展開したこの本ができたのは1543年，コペルニクスが死んだ年です．一説によると，コペルニクス

---

8) このコペルニクスの本の『天球回転論』と，それ以前にコペルニクスが書いて手稿で回覧されていた『小論（コメンタリオルス）』および1524年の「ヴェルナー論駁書簡」を併せたものの日本語訳は，みすず書房から出ています．高橋憲一氏訳『完訳　天空回転論』です．分厚い本です．訳すのは大変だったと思います．これは簡単に読み通せる書物ではありませんが，『天球回転論』の第1巻と，レティクスがコペルニクスの書が出る前にその解説として書いた『第一解説』を併せたものが，やはり高橋憲一氏の訳で，詳細な注がつけられ講談社学術文庫から出ています．これなら，読むことができるでしょう．関心があれば，手にとってください．

はできあがった本を見ずに死んだと言われています.

コペルニクス理論の肯綮は，彼が1510年頃に書き，知人たちの間で回覧された『小論（コメンタリオルス)』の七つの「要請」，とくにその内の次の二つにあります：

> 要請2　地球の中心は宇宙の中心ではなく，重さと月の天球の中心にすぎないこと，
> 要請3　すべての天球は，あたかもすべてのものの真中に存在するかのような太陽の周りをめぐり，それゆえに，宇宙の中心は太陽の近くに存在すること．（高橋憲一訳）

こうしてコペルニクスは，天動説を地動説に置き換えたと言われています[9]．つまり1日1回の天球の回転のかわりに地球を自転させ，1年かかる地球のまわりの太陽の周回のかわりに，地球を1年かけて太陽のまわりを周回させ，それに応じて惑星たちの運動の見方を変えたのです．しかし，それだけでは，天動説と地動説は視点の相異，つまり地球中心で見るか太陽中心で見るかの違いにすぎず，相対的なもので，そのかぎりでは本質的な違いはありません．そもそも観測者はつねに地球の上にいるわけですから，着目しているその惑星がどのように見えるかは，惑星の位置を太陽中心で計算したとしても，結局は地球中心の

9）「地動説」「天動説」という言葉は日本だけのもののようで，外国では「太陽中心理論」「地球中心理論」と言われているようです．

座標系に変換しなければなりません．

船が港を出るとき，港に残された人から見れば船は遠ざかってゆきますが，船上の人から見れば港が遠ざかってゆきます．これを運動の相対性と言います．つまり静止とか運動とかはつねに何かにたいしてであり，見る人の立場で異なり，絶対的な意味をもつものではないということです．

この運動の相対性ということは，実際にはそれまでもいろいろな人たちによって言われていました．1440年に，キリスト教会の枢機卿（教皇の最高顧問）ニコラウス・クザーヌスは，きわめて神学的な根拠から宇宙の無限性を語り，地球が世界の中心で静止しているという主張の無意味さを語っています．そして『知ある無知』という書で，そのように「中心でありえないところの地球が，どんな運動にも欠けている，ということはありえない」と語り，次のようにはっきりと表明しています：

> この地球がじつは運動しているということは，われわれにはそのようには見えないけれども，すでにわれわれには明白になった．というのは，われわれが運動を把握するのは，固定点との比較による以外には道がないからである．実際，もし誰かが水の真中に浮かぶ船の中に座を占めていて，水が流れるのを知らず，また両岸を見ないならば，どのようにして彼は船が動くのを把握するであろうか（『知ある無知』岩崎允胤・

大出哲訳，創文社)

したがって，問題は天動説と地動説のどちらが正しいのか，太陽と地球のどちらが本当に静止しているのか，ということではありません．そのような問いは意味を持たないのです．真の問題は，宇宙あるいは太陽系について，どちらの見方がより広いより深い認識を与えるのか，どちらの見方がより統一的な調和のとれた太陽系像を与えるのか，にあります．結論的に言いますと，コペルニクスの成果は，それまでプトレマイオス理論ではてんでんばらばらに捉えられていた太陽系の惑星たちを太陽系というひとつのシステムとして捉えるようになったことにあり，その点において決定的に優れているのです．

それではコペルニクスはプトレマイオスの宇宙像にたいしてどういう判断をしたのでしょうか．プトレマイオス理論では，少なくともその当時の観測精度の範囲内では，惑星の予測はほぼ正確にできていたのであり，コペルニクスの目的がその点を改良することにあったのではありません．

外惑星の例で述べます．

プトレマイオス理論では，太陽軌道の中心Oを中心とする誘導円上を動点Qが回転し，そのQを中心とする周転円上を惑星Pが等速回転していると考えます．正確には地球Tは太陽軌道の中心Oと少し離れたところにあり，Qの回転も厳密には等速ではなく，そのため誘導円

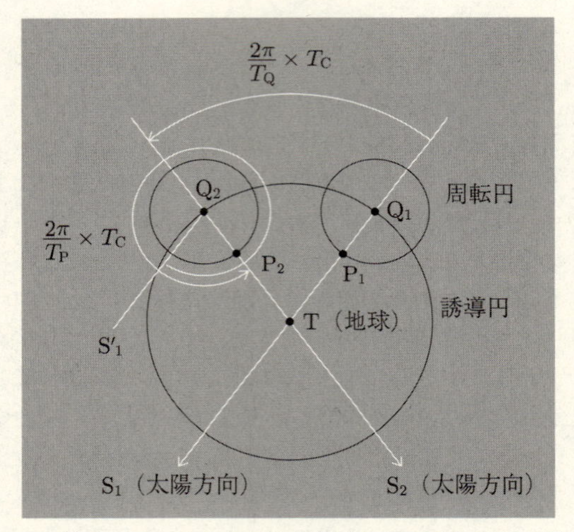

図 11-7　衝 ($Q_1P_1TS_1$) から次の衝 ($Q_2P_2TS_2$) までの回転角 ($Q_2S'_1$ は Q_1S_1 に平行な直線)

は離心円とされていますが，以下では話を簡単にして分かりやすくするため，地球 T を太陽軌道の中心 O と一致させ，Q は O=T のまわりに等速回転するとして説明します（図 11-7）.

先に言ったように地球から見て外惑星は一瞬立ち止まり逆行して，また立ち止まり順行に戻ります．このことは惑星 P を周転円で回転させることで説明されます.

特に著しいことは，すべての外惑星において，その逆行のちょうど真ん中に来たとき，太陽は必ず地球の反対にきて（つまり地球上で惑星を観測している地点は真夜中になり）惑星と地球と太陽とが一直線になることが知られています．これを「衝（opposition）」と言います．衝突の「衝」という字を書きます．このことはすべての外惑星について成り立ちます．

その当時の観測は，この衝であるとか，合（conjunction; 惑星と太陽が地球の同じ側にあって惑星・太陽・地球が一直線に並ぶとき）であるとか，月や太陽の裏に隠れる食（eclipse）であるとかの，特別な配置の状態のときだけ観測されていたのです．そして観測されるのは時刻と角度だけです．距離なんてわからない．理論は若干の数のパラメータ，つまり円の半径や円周上の回転周期を決めることですから，それで十分だったのです．

そのような特別な点だけの惑星の観測から分かるのは，衝から衝までの時間（会合周期）T_{C} と周転円の中心Qが中心O＝Tのまわりを一周する公転周期 T_{Q} の二つです．

この二つのデータから周転円上のPの回転周期 T_{P} を求めてみます．プトレマイオス理論では，Pが逆行の中点にくる衝のとき，QPと地球と太陽は一直線に並びます．QもPも等速回転ゆえ，それぞれの回転角速度は $2\pi/T_{\mathrm{Q}}$，$2\pi/T_{\mathrm{P}}$．この衝から衝までのあいだの地球から見たQの回転角は $(2\pi/T_{\mathrm{Q}})\times T_{\mathrm{C}}$，その間に図11-7のように，Pは一回余分に回転しているので

$$\frac{2\pi}{T_{\mathrm{P}}}\times T_{\mathrm{C}} = 2\pi + \frac{2\pi}{T_{\mathrm{Q}}}\times T_{\mathrm{C}} \quad \therefore \quad T_{\mathrm{P}} = \frac{T_{\mathrm{Q}}T_{\mathrm{C}}}{T_{\mathrm{Q}}+T_{\mathrm{C}}}.$$

この T_P の値を火星と木星と土星のそれぞれについて求めてみます：

表 11-2　外惑星の周転円上の回転周期 T_P

天体	T_Q（公転周期）	T_C	T_P
火星	1.880 年	2.135 年	0.9997 年 $=$ 1 年
木星	11.86 年	1.092 年	0.9999 年 $=$ 1 年
土星	29.43 年	1.035 年	0.9998 年 $=$ 1 年

同様に，内惑星の水星と金星の場合，誘導円の中心 Q は太陽方向に一致しているゆえ，その周期は $T_Q=1$ 年，観測されるのは惑星 P が周転円上でもっとも東によった時点からつぎに同様の配置をとるまでの周期 T_E であり，このあいだに P は一回余分に回転しているから，P の回転周期を T_P として，

$$\frac{2\pi}{T_P}\times T_E=2\pi+\frac{2\pi}{T_Q}\times T_E \quad \therefore \quad T_P=\frac{T_Q T_E}{T_Q+T_E}.$$

これを水星と金星について求めます：

表 11-3　内惑星の公転周期

天体	T_Q	T_E	T_P（公転周期）
水星	1 年	115.88 日	88.0 日 $=$ 0.241 年
金星	1 年	583.92 日	224.7 日 $=$ 0.615 年

得られた結果からわかる著しい事実は，外惑星では周転

円の一回転する周期がどの外惑星もすべて1年，つまり地球を中心に見て太陽が地球のまわりをひとまわりする時間だということです．他方で金星と水星の内惑星の場合，周転円の中心Qはつねに太陽方向にあり，その周期はもちろん1年です．ということは，プトレマイオスの理論では，地球以外のすべての惑星の運動が太陽の運動と密接に相関しているとわかります．きわめて特徴的な事実であり，これをどう考えるべきか．

外惑星の場合，地球Tを中心にした円周上をQが運動しているときに周転円上を運動している点Pを考えます．衝のときにはQPTSが一直線上にあり，当然，Qから見たPの方向と地球Tから見た太陽Sの方向が一致しているわけですが，周転円上のPの回転も地球Tのまわりの太陽Sの回転もともに周期が1年の等速回転ゆえ，図11-8のように，その後のどの時刻でもQから見たPの方向と地球から見た太陽の方向は平行になります．だから図11-8のP，Q，そしてTおよびTS上で$\overline{TS_0}=\overline{PQ}=c$となる点$S_0$の四点をとると，$PQTS_0$はつねに平行四辺形をなしています．太陽の位置はわからない（太陽までの距離がわからない）のですが，このS_0の位置に太陽を置いて止めてやれば，惑星Pは，それまでのQが地球Tを中心におこなっていたのとまったくおなじ円運動をS_0の位置の太陽を中心におこなうことになり，周転円は不要になります．ただしその場合には，地球TがS_0の位置の太陽まわりに半径cで周期1年の円運動を

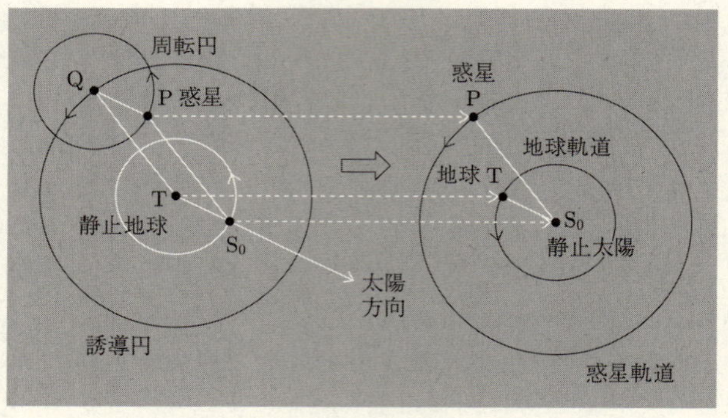

図 11-8　外惑星にたいする静止地球（T）を中心とする誘導円・周転円モデルから，静止太陽（S_0）を中心とするコペルニクス・モデルへの変換

するようになります．

同様に，内惑星の場合，誘導円と太陽軌道を一致させれば，水星と金星は太陽のまわりを周回することになるのですから，太陽を止めてみれば，水星も金星も太陽中心の円運動をするだけで，地球がその外側で 1 年周期の周回をするということになります．

これがコペルニクスの見方です．

太陽 S を S_0 の位置に止めるコペルニクスの見方と，地球 T を止めるそれまでの見方は，それだけでは相対的ですが，自然現象の説明として見たときにどちらが優れているか．ひとつにはそれまでは惑星の不自然な逆行現象と見られていたものが，コペルニクスの見方では観測者が乗っ

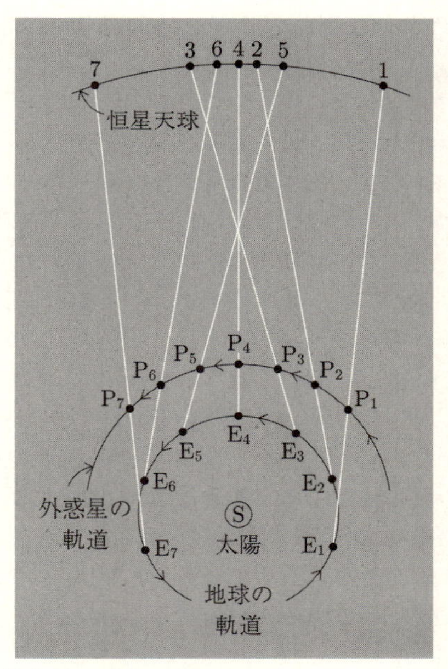

図 11-9 外惑星の逆行現象についてのコペルニクスの説明（A. ファントリ『ガリレオ』みすず書房より）

ている地球の運動の結果の錯視であると解釈され，周転円のようないかにも人為的で余計な仮定をせずに，きわめて自然な説明が与えられるという大きな利点があります（図 11-9）．

「諸惑星に見られる逆行や順行は，それらの側にではなく地球の側に由来する．したがって，天における相当数の見かけの不規則な運動を説明するためには地球の単一の運動で十分である」と言ったのは，コペルニクス自身です(『コメンタリオルス』p. 512).

実はそれだけではなく，太陽系全体を見れば，ちがいは歴然としています．根本的にちがうのは，次の事実です．

プトレマイオスのモデルでは，惑星ごとに周転円の大きさがバラバラなわけです．惑星ごとに誘導円の半径 a と周転円の半径 c の比は決まりますが，その周転円の半径は惑星ごとにバラバラなのです．したがって，このプトレマイオスの惑星理論では，惑星間の軌道の大きさの比が決まりません．どの軌道が大きいとか小さいとかがわからないのです．ただ周期は土星が一番大きいので，土星の軌道が多分一番大きいのだろうと推測していただけです．

それにたいしてコペルニクスの理論では，外惑星の場合，これまで惑星の誘導円の半径 a としていたものが，惑星の太陽のまわりの公転軌道の半径 a_{P} となり，周転円の半径 c とされていたものが太陽のまわりの地球の公転軌道の半径 a_{T} となります．内惑星では，周転円の半径が惑星の軌道半径，誘導円の半径が地球軌道の半径になります．それゆえ，すべての惑星の公転軌道の半径が，地球軌道の半径 a_{T} との比でもって決定されます．これによって，すべての惑星の軌道の大きさが地球軌道の半径を単位として決定されることになり，惑星の並ぶ順序がはじめて確実に決まりました．

だから太陽系というものをはじめて一個のシステムとし

てとらえたのが，コペルニクスだと言えます．それまではそれぞれの惑星ごとに別々の理論があっただけなのです．システムとして太陽系をとらえたこと，コペルニクスが一番自慢しているのはここなのです．コペルニクスは『天球回転論』の第1巻に書いています：

> したがって，われわれは，この順序づけの下に，宇宙の驚くべき均斉と，諸天球の大きさの〔間の〕調和の確固たる結合を見出す．こうしたものは他の仕方では〔決して〕みいだされないのである．（『完訳　天球回転論』高橋憲一訳，みすず書房）

このことがコペルニクス地動説の最大の成果なのです．地動説と天動説は，それだけでは相対的ですが，理論の優劣がより少ない仮定でより多くの事実を説明できることにあるのだとすれば，コペルニクスの地動説はプトレマイオスの天動説より明らかに優れているのです．

コペルニクスの太陽系は図 11–10 に与えられています．

実際にはプトレマイオスの理論では，はじめに語ったように，地球Tの位置はQの円（誘導円）の中心Oからちょっとずれています．離心円の仮定です．というのも地球から見て点Qは厳密には等速回転してくれないので，プトレマイオスは，中心Oにたいして地球のちょうど反対側に等価点（エカント）Eを考え，点QはこのEのまわりに等速回転しているとしていました．コペルニクスはプトレマイオ

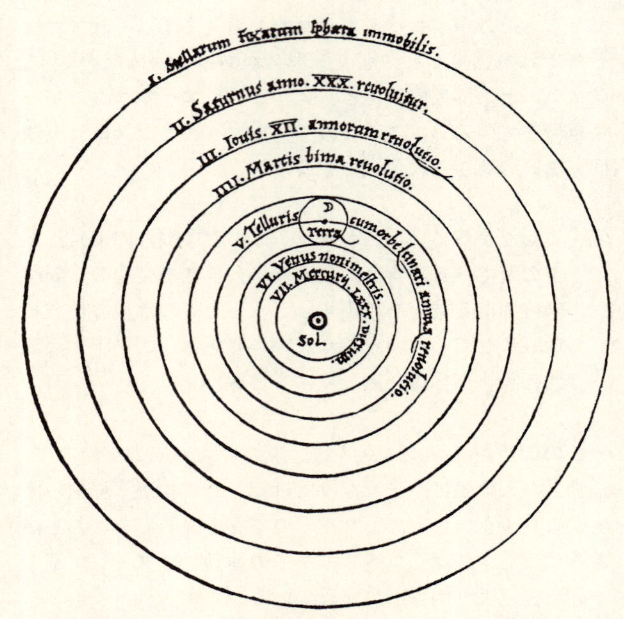

図 11-10　コペルニクスの太陽系　コペルニクス『完訳　天球回転論』高橋憲一訳（みすず書房）より.

外側から順に，Ⅰ　不動の恒星天球．Ⅱ　土星は 30 年で 1 回転する．Ⅲ　木星の 12 年の回転．Ⅳ　火星の 2 年の回転．Ⅴ　月の天球を伴った大地の年周回転〔● 地球，☽月〕．Ⅵ　金星は 9 カ月で．Ⅶ　水星の 80 日間の〔回転〕．⊙太陽.

表 11-4　コペルニクス理論における太陽—惑星間距離（単位は地球半径）

惑星	平均値（地球軌道との比）	最小値	最大値
水星	430 (0.377)	300	516
金星	821 (0.719)	801	841
地球	1142 (1.000)	1105	1179
火星	1736 (1.520)	1569	1902
木星	5960 (5.219)	5687	6233
土星	10477 (9.174)	9881	11077

『世界の見方の転換』p. 488

スのこのトリックを受け容れなかったので，太陽の周りの円軌道にたいしてまた小さな周転円を導入したのであり，そのため軌道に厚みができてしまいました．その結果，コペルニクスの理論でも，太陽から各惑星までの距離はある幅があります．結果を表示しておきます（表 11-4）．

9　地動説のもたらした問題

それでは，このコペルニクスの理論，つまり太陽中心理論がただちに新しい物理学を生みだしたのかというと，そうではないのです．コペルニクスが地動説を語ったことによっていろんなことが問題として問われることになりました．とくにコペルニクスの理論が地球を惑星の仲間にいれて太陽のまわりを周回させたことは決定的で，自然学的にはきわめて重要な問題を提起したことになりました．ここで初めて，古代のアリストテレスの自然学そのものが問題となったのです.

もっとも根本的な問題は，ただ単に，太陽を止めて地球を動かしたということではなく，月より上の世界と下の世界はまったく異なる世界であるという，アリストテレス宇宙論の大前提を崩してしまったということです.

このことは，それまで下位にあると考えられていた観測と計算による数学的天文学が，上位にあると見なされていた定義と論証により事物の本性を問う自然学，そしてそれにもとづく哲学的宇宙論の基本的主張を覆したことを意味しています．学問世界の下克上なわけです.

ここから新しい自然像の作り直しが始まります．そもそも地球のようなでかくてきわめて重い物体が宇宙空間中を高速度で運動することができるのはなぜなのか，地球上の物体や空気がそれに遅れることなく一緒についてゆくのはなぜなのか，コペルニクスの理論はいくつもの問題を突き出しましたが，しかし突き出しただけで，それに十分に応えることはできなかったのです.

これまでの天動説では，月，太陽，惑星が宇宙の中心のまわりを周回するのは，第5元素エーテルより成るというそれら天体の本性に属することとされ，それで済まされていました．他方，土と水より成る地球が宇宙の中心に静止しているのも，その本性によるとされていました．それゆえ地球と太陽をとりかえたならば，それまでの天の物体の運動理論は全面的に改められなければならないはずです．しかしコペルニクスは，「みずからの形を最も単純な立体〔球〕として表現している天球のもつ可動性は，円状に回転することである」とアプリオリに語り（『天球回転論』第１巻第４章），地球も球形であるからということで天体としての地球の円運動を当然視しています．そこからは，新しい物理学への途は開けていません．

コペルニクスは生涯かかって書き上げた自著をなかなか出版しようとしなかったのですが，ゲオルク・レティクスという若い数学者がやってきて，その勧めにしたがって死の間際に出版に踏み切りました．それが『天球回転論』です．本にしなかった理由は，キリスト教会からとやかく言われるということを気にしていたのではないようです．ずっと以前に，自身の地動説のアイデアを憚ることなくキリスト教のエライさんに説明していたのです．むしろ，こんなことを言ったら多くの人たちから馬鹿にされるんじゃないかと気にしていたのではないでしょうか．

コペルニクスのこの本は今までの学問，自然科学のあり方そのものを揺るがしたと言えます．解決策は示さなかったけれど，のっぴきならないところまで押しやったのです．実際，この本からいろんなことが始まります．しかしコペルニクスの本は第１巻がそういう自然学的なことに触れているだけで，あとは全部ただひたすら退屈な数学です．コペルニクスは『天球回転論』の扉に，ギリシャ語で「幾何学の素養なき者，入るべからず」と記しています．天動説か地動説かを常識的レベルで云々するのではなく，厳密な数学理論を理解したうえで評価してもらいたいというのが，コペルニクスの真意だったのでしょう．

なお，コペルニクスは問題を突き出しただけで，解答を与えることができなかったと言いましたが，その点について，ひとつだけ触れておきます．

地球がそんなふうに動いているのだったら，空中の物体や空気は取り残されてしまうはずじゃないかとか，そういう批判は当然ありました．それにたいしてコペルニクスは，「〈重さとは万物の製作者の神的な摂理によって諸部分に与えられたある自然的欲求に他ならず，諸部分はおのずとその単一性と統合性に至って球という形へ凝集することになる．〉……このような性質は太陽にも月にも諸惑星という他の輝くものにも内在すると信ずべきであり」と語り，そしてまた「〈空気の少なからぬ部分も，また何であれ同様に大地と類縁関係をもつものは，そのように〔大地とともに〕動く〉以外にない」とも主張しています（『天球回転論』）．

つまり，地球は地球で自分の上の物体を引きつける力を持っている，太陽も月も惑星たちもそれぞれがそうなんだ，だからそれぞれが丸く収まり，球形をしている，というわけです．太陽や月が完全な物質エーテルからできているゆえに完全な形の球形をしているというアリストテレス以来の議論をはっきり退け，すべての天体に重力を与え，それで天体の形状を力学的に説明した最初だと思います．しかし天体間の重力を語ったわけではありません．

なお，空中の物体や空気が地球の運動に取り残されないことの正しい理由は，コペルニクスの言うようなそれぞれの天体に備わるこの重力に引かれているからだというものではありません．その点は，イギリス人トマス・ディッゲスが1576年にコペルニクスの『天球回転論』第1巻の英訳を付して出版した『最古のピュタゴラスの理論にのっとり，コペルニクスによる訂正された，諸天球の完全無欠な記述』の次の記述が，はじめて正解を与えています：

> この〔地球上で見る〕世界にたいして上昇・下降している物体の運動については，それらがたとえ私たちには鉛直な直線運動に見えても，直線運動と円運動の重ね合わせと考えなければならない．そのことは，動いている船上で錘をマストのてっぺんからデッキに静かに落としたならば，この錘は〔船上の人には〕マストにそってまっすぐ鉛直に落ちるように見えるが，しかし理性的に考えれば，その運動は〔落下による〕直線運動と〔海上を動く船の運動にともなう〕円運動の合成であるのと同様である．[10)]

時速300キロメートルの高速度で走っている新幹線は，外から見れば1秒間に約83メートル移動しているのですが，しかしその車内で鞄を落としても，鞄が足元に落ちる

10） 拙著『一六世紀文化革命』p. 531より．「直線運動と円運動の合成」は，正確には「鉛直方向の落下と水平方向への等速度の移動の合成」と言うべきである．この点はのちに触れる．

のと同様です.

なお，このディッゲスの書『完全無欠な記述』は，その後も版を重ね，ひろく読まれ，イギリスでのコペルニクス理論の普及に大きく貢献しました.

それだけではありません．コペルニクスは地球の日周回転（自転）を認め，恒星天球を静止させましたが，ディッゲスの書はさらに「恒星天はその高さを無限に広げていて，それゆえ不動であり」と記し，最大球面を静止させただけではなく，その外側にいくつもの星の描かれた挿図を載せています．無限宇宙を語ったのです.

この点について，次のことを指摘しておきます.

地動説にたいする反論のひとつは，地球が軌道円周上を1年かけて周回しているのであれば，視差（年周視差）があるはずで，半年で恒星の見える角度が違ってくるはずではないかというものです.

図11-11で地球が円軌道上を動いているとしますと，真上の恒星をA側から見る角度と半年後に直径の反対にあるB側から見る角度が違ってくるではないかということです．これが年周視差ですが，これにたいしてコペルニクスは，ほとんど苦し紛れに，恒星は今まで考えられていたよりもはるかに遠くにあるのだとしました.

年周視差つまり星を見る角度の半年間の変化をθとすれば，地球の軌道半径をa，恒星天までの距離をhとして，$h = a/\tan\theta$．その当時の観測誤差は大体10分（1度の六分の一）で，これ以下の角度は観測にかかりません.

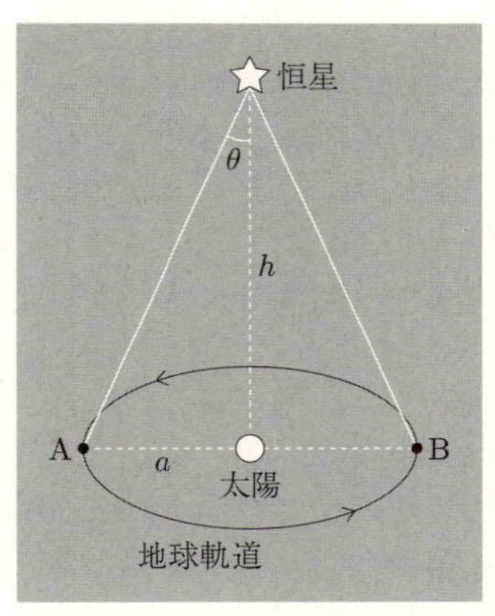

図 11-11　恒星の年周視差

したがって年周視差が観測されないことについてのコペルニクスの議論では，$\theta < 10$ 分 $= \pi/(180 \times 6)$，すなわち

$$h > a/\tan\{\pi/(180 \times 6)\} \approx 300a.$$

土星軌道の高さが地球軌道半径 a のだいたい 10 倍ですから，恒星天の位置がそれまで考えられていたよりもはるか彼方に上がってしまい，それによって，土星軌道と恒星天のあいだに何もない広大な空間が生まれてしまいます．アリストテレス自然学で存在を否定されている空虚です．その点では，惑星軌道の球殻が密着していたプトレマイオスの太陽系と異なり，コペルニクスの太陽系では，表 11-4 のように火星と木星のあいだ，木星と土星のあいだ等の惑星軌道間にも大きな空間が存在することになったのです．

しかし，コペルニクス自身は恒星天球はそれまで語られていたよりもはるかに大きいとは言いましたが，しかしそれでも，恒星天球で限られている宇宙は有限であると考えていました．それにたいしてディッゲスは無限宇宙を語ったのです．ディッゲスは，コペルニクスをイギリスに紹介しただけではなく，中世的宇宙からの脱却をさらに一歩進めたのです．

10　16世紀文化革命

ヨーロッパ社会が中世の封建社会から近代社会へと脱皮する過程で，いわゆるルネサンスを経たことはよく知られています．それは広くは，ヨーロッパが見失っていた古代ギリシャの学問をイスラムそしてビザンティン社会経由で見出したいわゆる12世紀ルネサンスから，古代ギリシャ・ローマの文化を理想としそれを復興させて，とくに文学や美術や建築の分野で新しい文化を生み出そうとした14・15世紀の文芸復興運動までを指しています．それはまた古代の文芸思想に依拠することによって中世的抑圧からの解放を求めたこの時期の人文主義（ヒューマニズム）運動をもたらすことになります．そして通常の西欧文化史では，このあと16世紀の宗教改革を経て，ガリレイやデカルトやニュートンたちによって代表される，いわゆる17世紀科学革命へと物語は語られています．しかしそれでは，科学思想の面では16世紀は，コペルニクス地動説を生んだことをのぞいて，ルネサンスと科学革命のあいだの，成果の乏しい谷間の時代のようです．実際にそう語っている歴史家もいます．

しかし16世紀には，その後の科学の発展においてきわめて重要な，「16世紀文化革命」とも言うべき西欧における知の世界の大規模な地殻変動が起こっていたのです．

そもそもそれまで，西欧社会がアリストテレスをはじめとする古代ギリシャの哲学・学芸を見出し学習していたといっても，それは大学と修道院等の教会組織に属する，きわめてわずかな知的エリートのあいだの話であり，圧倒的多数の民衆はその世界から疎外され，そういう動きとはまったく無関係に，日々の生活を送っていたのです．

それまでの大学は，今でいう教養学部に相当する学芸学部とその上の専門学部としての神学部と法学部と医学部があり，学芸学部では文法と論理学と弁証法つまりラテン語とそれによる論述と論証の技術，そして算術と幾何学と天文学と音楽の四科が教育されていました．それらの教育は古代文献の読解と講釈が中心で，その文書偏重・実践軽視の傾向は，神学部・法学部ではもちろんのこと，臨床の学習が重要なはずの医学部でさえ事実上変わらなかったのです．英語の「講義（lecture）」の語源はラテン語の‘lectio（読むこと，朗読）’だったのです．事実 lecture は，フランス語では「読むこと，朗読」なのです．

そしてその知的エリートたちは，基本的には農民や職人や商人の労働に寄食していながら，おしなべて職人の手作業や商人の金勘定を軽蔑していたのです．奴隷の労働によって生活を支えられていたギリシャの都市国家の哲学者であったアリストテレスの書にも「大工や靴屋のするような卑賤な手工業」という表現がみられますが（『形而上学』Ⅲ-2），手作業にたいする蔑視は中世の知識人にまで引き継がれていたのです．

医療でさえも，大学出のドクターたちは，王侯貴族や高位聖職者や金持ちの上級商人たちのみを相手にしていたばかりか，ただ診断し処方を語るだけで，手術や瀉血はもちろんのこと，包帯巻きから投薬にいたるまでのすべての治療処置は，当時は職人扱いされ，ギルドで教育されていた理髪外科医や薬師にさせていたのです．

医学もふくめて当時の学問世界はもっぱら言語で営まれる世界であり，したがってその世界への民衆の立ち入りを阻んでいた最大の壁は，西欧学問世界での唯一の共通語としてのラテン語の壁でした．

しかし14世紀になると，都市が発達し商業が盛んになり，産業の発展とともに技術も進歩し，15世紀末以降の遠洋航海の拡大とともに地理学上の知識も大きく更新され，大学で学ばれている訓詁学のごとき学問とは異なる，生産実践や商業活動に有用な学問，現実の拡大する経験に根ざした科学が，大学の外で営まれていたのです．商業が拡大し，いわゆる企業組織（カンパニー）が登場し，遠隔地との書簡による取引が増加するとともに，契約内容の文書による記録が重要視され，そして利益配分や通貨レートの換算等のために込み入った算術計算の能力が必要とされるようになり，商人の世界では識字率も上昇し，さらには子弟の教育のための算数教室がいくつもの都市に生まれ，そればかりか，大学教育とは無関係なその民間の算数教室の教師たちのあいだで代数学が発展していたのです．

貨幣経済がいちじるしく発展したことで，銃火器の発達も相まって，金属の需要も高まり，鉱山業も資本主義企業として大規模化し，金属精錬においても精密な定量的測定が求められるようになっていました．そしてさらに産業の発展と生産力の拡大は機械学の知識や手作業の習熟の重要性を突き出し，遠洋航海の発展により航海技術も進歩し，船乗りたちもまた地理学と天文学の高度な知識が必要とされるにいたり，そのために地図や航海用器具の製造職人が生まれていたのです．同様に美術や建築の世界でも，画家や職人たちによって幾何学が学ばれていました．ちなみに，画家といっても，当時は自身の構想で絵を描く自立した作家ではなく，クライアントの注文に応じて宗教画や肖像画を描く絵描き職人だったのです．

また疫病の流行や戦争による火器使用の拡大は，それまでのギリシャやローマの医学書には記されていなかった疾病や複雑な外傷の出現をもたらし，大学出のドクターたちの無能が明らかになるのにひきかえ，下層の外科医に多くの臨床経験を積ませることになり，総じて，実践的知識の範囲が拡大し，その重要性が高まっていたのです．

そして 15 世紀中期の印刷術の発明をうけて，それらの技術的な知識が商人や職人たちの日常語である俗語で印刷書籍として大量に出版され，普及していきます．印刷業は当初から営利事業として発足したため，購読者数の少ないラテン語の書物は次第に忌避されるようになり，出版の重心は日常語としての俗語書籍の大量生産に移りゆきます．当時は国語というものはなく，いくつもの地域言語しかなかったのですが，出版は売れ行きのよい言語に集中する傾向があり，こうして少数の有力言語が浮上し，その過程で語彙も増やされ文体やスペリングの統一もはかられることにより，有力言語は国語化への途を進んでゆきます．

その国語形成の動きは，宗教改革が「聖書に還れ」をスローガンとしたことにより，プロテスタントの国家では聖書の俗語訳が進められ，より加速されることになりました．こうして書き言葉としての国語が各国で形成されていったのです．印刷革命は言語革命をもたらしたのです．

さらに15世紀末には，木版画や銅版画の挿図を付した印刷書籍が登場し，原画と寸分たがわぬ図版をともなった書籍が千部単位で印刷されるようになり，これまで言葉では正確に伝えられなかったためもっぱら閉鎖的な徒弟修業で秘伝として伝承されてきた各種工芸のノウハウや複雑な機械の製作や使用の手引き，薬種商に伝わる植物学・本草学の知識，画家や建築家や機械職人のためのマニュアル，さらには解剖学や外科学等についての知識などが，世に公開されるようになってきたのです．それは，それまでの修道院で細々と続けられていた手写本による文字文化をはるかに超える影響を持っていたのであり，このことによってラテン語の壁で護られていたそれまでのエリート知識人たちによる知的独占に風穴があけられていったのです.

こうして，それまで蔑まれていた職人や商人や外科医たちが，自分たちの現実の生産実践や日々の商業生活あるいは臨床の医療活動で獲得し形成し蓄積してきた知識が，自然と社会の認識にとってきわめて有用であることを自覚し，意欲的に印刷書籍として公表していきました．それは，まさに文化革命と称すべき激変だったのです.

その具体例はいくらもありますが，ここでは，その一例として，船乗り上がりの航海用器具製造職人による磁針の伏角の発見についてだけ触れておきます．16 世紀後半，約 20 年間の船乗り稼業ののち，ロンドンで航海用機器の製造と販売を始めたイギリス人ロバート・ノーマンは，その時期にはすでに航海にとって必須の器具であった羅針儀(コンパス)の製作過程で，つぎのことに気づきました．旋回軸(ピボット)上で水平に保たれるように作った鉄針を，磁針にするため磁石に触れさせたところ，かならず北端が下に傾いたのです．彼は，それが鉄針の片方の重量が増加したためではないことを確かめ，磁針の特有の性質であると判断し，その角度すなわち伏角を測定するための器具を特別に作製し，実際にその角度を精密に測定し，その結果を地磁気のみについて書かれた書物としてはじめてのものと言われる『新しい引力』に英語で著し，1581 年に出版しました.

これまで特異な自然現象や有用な効果の技術者・職人に

よる発見はいくつもあったと思われますが，それらはすべて無名の職人によるもので，「発見」と認定されることもなく，もちろん記録にも残らず，歴史の堆積のなかに埋もれていったことでしょう．ノーマンによる伏角のこの発見は，発見者の職人自身がその経過を書き記し公表したおそらくはじめての例でしょう．自身の見出した特異な現象を漫然と見過ごすことなく取り上げ，条件を変えて検証し，そのための特別の装置を創って精密に定量的に測定し，それを文書で公表するという行き方は，これまで大学でおこなわれてきた，古代文献に依拠し，もっぱら釈義と論証にもとづいてなされていた研究とはまったく異なるものであり，端的に近代の自然研究の方法です．

ノーマンが生きた16世紀後半のイングランドについて，歴史家クリストファー・ヒルは語っています：

> エリザベス一世の時代〔16世紀後半〕には，科学は学者先生の仕事ではなく，もっぱら商人と職人のそれであり，それもオクスフォードとケンブリッジにおいてではなく，ロンドンにおいて，ラテン語ではなくて俗語を用いてなされていた．（『イギリス革命の思想的先駆者』第2章，福田良子訳，岩波書店）

一例としてここでノーマンを挙げましたけれど，フランス，ドイツ，イタリア，オランダのどこでも同様の例を挙げることが可能であり，このヒルの指摘は，この時代の西欧のいくつもの国にもあてはまるのです.

そして，職人たちのこの自己主張に呼応して，大学で少なくとも学芸学部段階の教育を受けてのち，手仕事にたいする偏見を克服し，書斎の外に出て，みずから手仕事にも携わり，観測装置を自作し，体を動かして観測に携わり，古代自然学・古代天文学を批判的に研究する者たちが生まれてきたのです．こうして天文学があらたな発展を迎える条件が作られてゆくことになりました.

なお，ノーマンによるこの伏角の発見は，すでにコロンブスの航海以来知られていた偏角，つまり磁針が真北を指さず少し東西に逸れた方向を指す事実の発見とあわさって，1600年のイギリス人の医師ウィリアム・ギルバート（1544-1603）による地球自体が巨大な磁石であるという大発見へと導くことになります．ギルバートにとってその発見は，地球が不活性な土塊ではなく，他者への作用能力と自己運動の原理を有する磁石であることを意味し，それゆえ「地球は通常考えられているほど賤しい物体ではない」という地球認識をもたらすことになります（『磁石論』三田博雄訳，朝日出版社，VI-5).

そのことは，コペルニクスがこじ開けた新しい地球像の確立のための重要なひとつの観点に導くことになり，ひいてはヨハネス・ケプラーに，コペルニクスを超えて惑星間の引力というきわめて重要な観念にいたる糸口を与えることになります.

図 11-12　ティコ・ブラーエ生誕 400 年記念切手

11　二元的世界の動揺

地球を惑星の仲間入りさせたということは，月より上は地球とは別の完全な世界であり，新しくものが生まれるということもなければ現存するものが消えていくこともない，というこれまで言い伝えられてきた宇宙像・世界像と真っ向から対立することになります．その不生・不変・不滅というこれまでの完全世界のドグマに反する衝撃的な事件が出現したのが 1572 年です．

ここにティコ・ブラーエ（1546-1601）という，天文オタクみたいなデンマークの貴族が登場します．生涯を天体観測に捧げた人物です（図 11-12）．この切手はティコ生誕 400 年の 1946 年にデンマークで発行されたものです．

彼は 1572 年に新星を発見しました．太陽みたいな自分で光っている星つまり恒星は，その進化の最後には膨張して爆発します．これを「新星」と言います．そして地球からは見えなかったその星が，その爆発で見えるようになります．もちろんそれは現在での理解であり，その成り立ちによって「新星（ノバ）」と「超新星（スーパーノバ）」の二種が区別されていますが，以下ではまとめて「新星」とします．

新星はだいたい1世紀に一度くらい生まれることが現在では知られていますが，ヨーロッパではずっと知られていませんでした．日本では鎌倉時代の歌人・藤原定家の『明月記』に，1230年に新星が現れたこと，それ以前にもいくつか見られたことが書かれています．日本だけでなく中国の文献にも記されています．しかしどういうわけかヨーロッパでは知られていなかったのです．ヨーロッパの人たちは，天空は不変であるという古代以来の思い込みを信じていたので，見そこなったのかもしれません．

しかし1572年にカシオペア座に新星が登場しました．ティコ・ブラーエがまっ先に気づいたのです．一時期は昼間でも明るく輝いていたと伝えられています．ティコ26歳のときです．もちろんティコ・ブラーエだけが見つけたわけではありませんが，ティコ・ブラーエが一番早いようで，また一番有名です．

どんなふうにして発見したかというと，夕方天を見上げたティコ・ブラーエが「あっ，あんなところにあんな星は今までなかった」と気づいたという，馬鹿みたいに単純な話です．しかしそれは凄いことですよ．つまり，16 世紀の当時では空気は綺麗で夜は真っ暗で，人間に見える星の数は現在の日本とは比べものにならないくらい多かったからです．「星の降る夜」という文学的表現は，そういう時代のものでしょう．

この事情は，20 世紀後半には大きく変化しました．僕の経験でも小さな頃，兵庫県に育ったのですが，敗戦からまだ間もない 1950 年代前半の当時は，夜空を見上げると，天気が良ければ肉眼で銀河も北斗七星もよく見えました．しかし今から 10 年ほど前，夏に房総半島のど真ん中に行ったことがあって，そのときに昼間晴天だったので，これだったら夜には銀河が見えるかと思ったけれど，駄目でした．そもそも見える星の数そのものがきわめて少なかったですね．僕の視力の衰えもあるかもしれませんが．

でも産業革命以前，今から 500 年も昔では違います．夜は完全に真っ暗で，空気はきわめて綺麗で，ものすごい数の星が見えていたはずです．そんな中で空を見上げて，あっ，あんな星はなかったはずだと気づいたのです．ティコ・ブラーエが自分で書いています．「これは大したことではない．私は小さな頃から肉眼で見えるすべての星の位置と明るさを覚えていた．」まさに天文オタクです．

これは 1572 年の図です（図 11-13）．後になって「ティコ・ブラーエ新星」と名付けられた星です．今で言う超新星です．1574 年 1 月まで輝き続けてのち見えなくなったと伝えられています．

図 11-13　プラハで見られた，1572 年にカシオペア座に出現した新星（ティコ・ブラーエ新星）．右上の大きく輝いているのが新星．左の山上に顔を出しているのが太陽，その斜め上の星は多分金星でしょう．

ティコは，この新星がまわりの恒星たちとの位置関係を変えなかったことから，たしかに恒星天の出来事だと結論づけました．変わるはずのない恒星天に新しい星が生まれ，そして消えていったのです．月より上の世界では新しいことは起こらないというアリストテレスの宇宙論を根底から覆す出来事だったわけで，大変なことです．この新星をティコ・ブラーエと同時期に観測して，おなじ結論に達したのが，先述のトマス・ディッゲスでした．

じつはティコ自身は，地球の運動をどうしても認めることができず，五つの惑星は太陽のまわりを回るけれども，その太陽は静止地球のまわりを周回しているという，地動説と天動説の折衷モデルを唱えていたのですが，それにたいして完全に地動説の立場に達していたディッゲスは，この新星の出現をコペルニクス理論を自然学的に立証するものと捉え，そのことを 1573 年に『数学の梯子ないし翼』に発表しました．

それからもうひとつの事件が起こりました．新星登場の 5 年後，1577 年に今度は彗星が登場したのです．彗星はもちろんそれまでにいくつも観測されていました．しかし，ティコ・ブラーエ新星が現れて，恒星天のこれまでの見方にたいする疑問が語られているところにこの 1577 年の彗星が現れたのです．当然，多くの人たちの注目を集めることになりました．

ラテン語で通常 ‘cometa’ と言われている彗星は，日本では「ほうき星」，ドイツ語で ‘Schweifstern（長い尾のついた星）’，ラテン語でも ‘stella crinita（髪の毛の星）’ という言葉が伝えられているように，その形状が特異なため，そしてまた「彗星の如くに登場」と比喩的に語られるように，その出現が突然であるため，昔から注目され知られていました．

アリストテレスは彗星を何と言っていたかといいますと，大気の上空で，何かが燃えているのだと言っていました．天つまり月より上の世界には新しいものはできないのだから，彗星は，月より下の世界で可燃性の何かが燃えているのだと考えていたのです．それが証拠に，しばらく燃えるとなくなってしまう．

実際，アリストテレスの書いた膨大な数の本の中で彗星は，自然学にではなく，気象学の書に書かれています．彗星の出現は地球大気中の気象現象と見られ，ずっとそういうふうに信じられてきたのです．そしてそれまで彗星について，精密な位置を観測した人はいませんでした．

しかしこの頃になって彗星にたいしても見方が変わり，16世紀の初め頃から彗星についての観測も始まっていました．レギオモンタヌスは，1472年頃に書かれ，16世紀になって公表された書の中で，彗星までの距離の推定法を語っています．もっともそれは，彗星を大気上層の現象と見る立場のもので，その意味では彗星を地球からそれほど遠くない現象と考えていたものですが，彗星にたいする精密な定量的測定を促したことには，違いがありません．

彗星への関心には，もちろん占星術の影響もあります．占星術的には彗星の出現は，なにか不吉なことの起こる前触れであるとか，彗星の尾っぽが指している方向に災いが来るというようなことも言い伝えられており，当然，王侯貴族は彗星の運動を気にしていました．日本にも「妖星」というような，その出現を凶兆視する言葉があります．そんなわけで彗星の動きについての連続的な観測も始まっていたのです．実際，何人かの人が彗星の高度を精密に観測していたのです．そうして，この1577年の彗星もまた，月より上の世界，恒星天の世界の現象だと判断せざるを得ないということがわかってきました．

ということは，月より上の世界がアリストテレスの言うような不生・不変・不滅の世界ではないだけでなく，惑星を埋め込んで回転している水晶のような球殻（シェル）なるものを彗星は突き抜けて運動していることになり，その球殻なども存在しないということになります．そのことも天体の運動の見方の変化にとって決定的でした．

このように恒星天といえども，変化があり，星が生まれたり消滅したりすることもあるのだということが，現実の経験や観測からだんだんわかってきたのです．月より上は別世界であると今まで信じさせられてきたけれども，どうも話が違うんじゃないかとなってきたわけです．しかもそのことが道具を使った観測によって結論づけられたのです．さきにコペルニクスについて触れた学問世界の上下秩序の解体が，さらに一歩進められたことになります．

12　ヨハネス・ケプラー

ティコ・ブラーエ新星の出現は 1572 年ですが，その前年，1571 年に生まれたのが，ドイツの生んだ有名な天文学者ヨハネス・ケプラーです（図 11-14）．生まれたのはシュヴァーベン地方のヴァイルという町です．1577 年の前述の彗星が現れたとき，ケプラーの母親はその彗星を見るために幼いケプラーの手をひいて丘の上に登ったと，のちにケプラーは回顧しています．しかも天文学の発展にと

図 11-14　ヨハネス・ケプラー

って好都合なことに，1604 年には蛇つかい座にいまひとつの新星が登場しています．これも超新星でのちに「ケプラー新星」と名づけられます．ケプラーは天文学が大きく変わってゆく時代に生まれ育ったのです．ちなみにケプラーの母親は一時期魔女の嫌疑をかけられ，ケプラーは母親を救い出すためにかなり苦労したそうです．いまだ近代社会になる以前の時代だったのです．

この頃ドイツは，1517 年に始まった宗教改革でカトリックとプロテスタントのあいだで厳しい対立が続いていたのですが，55 年にアウグスブルクの和議というのがあって，ドイツ国内でプロテスタントとカトリックのあいだである種の妥協が成立し，小康状態にありました．当時のドイツは領邦国家でしたが，各領邦ごとに，そこの君主がカトリックかプロテスタントかどちらかを選ぶという状態になっていたのです．

ケプラーは貧しいプロテスタントの家庭に生まれました．そしてケプラーの生まれたヴュルテンベルク公国はプロテスタントの拠点国のひとつで，教育に非常に力を入れていました．というのもプロテスタントは，カトリックとの論争，思想戦を闘わなければならなかったからです．

カトリックはそれまでの蓄積があって圧倒的に多くの聖職者を抱えていましたが，生まれて間もないプロテスタントはまだまったくの少数派だから，カトリックに対抗するため，学識のある聖職者を早急に育成しなくてはならなかったのです．そのため，こと教育にかんしてはヴュルテンベルク公国は福祉国家状態にあったようです．そのおかげでケプラーは家が貧しかったけれども教育を受けることができました．学んだのはマウルブロン神学校というところです．マウルブロン神学校というのは，20世紀のドイツの作家ヘルマン・ヘッセの小説『車輪の下』の舞台になった学校です．皆さんのなかには読んだ人がいるのではないですか．

ケプラーはさらにプロテスタントの拠点大学であったチュービンゲン大学の神学部に進みます．授業料免除の給費生でした．学生時代から天文学に関心をもち，ケプラーは早くからコペルニクス説を支持していました．チュービンゲン大学のメストリン先生も，できる学生にはコペルニクス理論を教えていたそうです．しかしそれはあくまで趣味の話であり，その当時，牧師は社会的にも地位が高くて，給料もよかったから当然ケプラーは，将来的には聖職者になるつもりでした．しかし大学からグラーツの州立学校の数学官になれと言われたのです．数学の才能を見込まれたのでしょうか，あるいは，普段からコペルニクス説を擁護していたので，牧師にはさせられないと判断されたのかもしれません．コペルニクスの書が出てからちょうど50年目の1593年，ケプラーはグラーツに赴任します．

ちなみに数学官というのは，天文学者のことです．名前は立派ですが，何のことはないプロの占星術師です．毎年暦を作って，今年は星の並びがどうたらこうたらだから何月には干ばつが起こるであろうとか，あるいはトルコ軍が攻めてくるであろうとかと，そんなことを予測するのが仕事です．とはいえ，誰にでもできることではありません．歴史学者キース・トマスの『歴史と文学』には，17〜18世紀のイギリスについて「当時〈数学者〉は占星術師と同義語」と書かれています．天文学は当時ほぼ唯一の数理科学であり，占星術はその科学としての天文学に依拠した高等技術だったのです．

もともとケプラーは，数学の才能に秀でていたものの，天文学者になるつもりはなかったので，始めのうちは人生を狂わされたと思っていたわけですが，何が幸いするかわかりません．牧師にならずに天文学者になったのでケプラーは大きな仕事を達成することができ，その名前は今でもこうして残っているわけです．

先に言ったようにコペルニクスは太陽系に秩序を与え

ました．たんなるバラバラでたがいに無関連な惑星のあつまりではなく，たがいに関連しあった一個のシステムとしての太陽系というものを語ったのです．したがって当然，この秩序をどう説明するのか，この秩序は何によって統括され維持されているのか，ということが次の問題になります．地動説が正しいか正しくないかなんて，もはやケプラーには問題じゃない．正しいに決まってるんです．問題はコペルニクスが見出したこの太陽中心の惑星系の秩序をどのように根拠づけるかにありました．

その発想がとても面白い．ケプラーはまず最初に，なぜ惑星が六つであるのか，と問うたのです．水星・金星・地球・火星・木星・土星の六つです．

惑星がなぜ6個なのかをはじめに問うたのは，じつはレティクスという数学者です．この人物はコペルニクスのところまで行って，コペルニクスに生涯の研究成果としての地動説理論の書を出版するように促し，コペルニクス理論の最初の解説書である『第一解説』を，コペルニクスの『天球回転論』が出る以前に出版した若き数学者です．そのレティクスの回答は，6は完全数である，つまり6は

$$6=1\times2\times3=1+2+3$$

という，特別な性質を持っているからだ，というのです．現代人には意表を突いています．

自分自身を除く因数の和が自分に等しくなる数は「完全

数」と言われ，他には28=1+2+4+7+14が有名です[11]．とりわけ6は，因数の和だけではなく，因数の積も自分に等しいという特異な性質も持っているので，しばしば神秘的な意味を与えられ特別扱いされていたのです．たとえば神様が天地創造に6日を要した，というのがそうです．

なぜ惑星は6なのかというのは，今の我々にしてみると，ほかに天王星・海王星もあり，その他いくつもの小惑星もあるので，問いそのものがナンセンスであると思えます．しかし当時，天の世界は神秘に満ちていたのであり，大真面目に考えられていたのです．

そしてケプラーも，同様になぜ惑星が六つなのかという問いにゆきあたりました．その回答が先の切手に描かれている図ですが，その図をもっと大きくしたのが，図11-15の五つの正多面体とそれに内外接する6個の球の絵です．

正多面体は五つ，正4面体，正6面体，正8面体，正12面体，正20面体の五つです．

正多面体が五つに限るということの証明．これは高校のレベルの数学のエクササイズでできると思います．ちょっと脱線して，頭の体操をやってみましょうか．

正多面体の面が正n角形とします．もちろん$n \geqq 3$で，一つの頂角は$\theta = \pi - 2\pi/n$．その多面体の一つの頂点にその正n角形の頂点がm個集まるとします．当然，$m \geqq 3$，かつ$m\theta < 2\pi$でなければなりません．すなわち

11）その次の完全数は496です．自分で確かめてください．

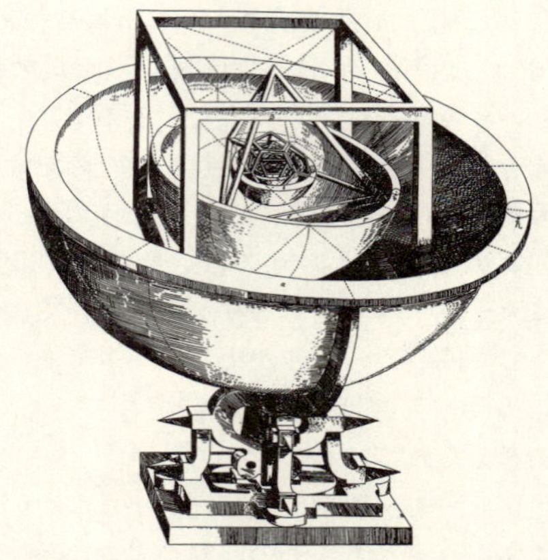

図 11-15　正多面体で構成される太陽系．ケプラー『宇宙の神秘』（1596）より．『宇宙の神秘』のフルタイトルは『天体軌道の驚嘆すべき比について，天体の数・大きさ・周期運動の真正にして固有の根拠について，幾何学の五つの正則立体により証明された宇宙の神秘を含む，宇宙誌論への誘い』．

$$3 \leqq m < \frac{2n}{n-2}.$$

この条件を満たす整数 (n, m) の組は五つです（図 11-16）．すなわち

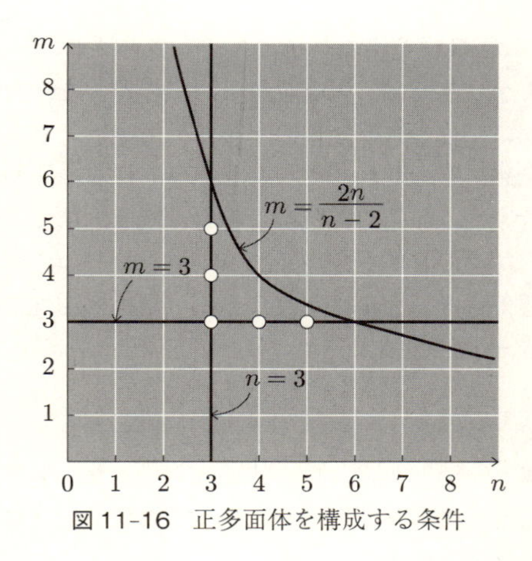

図 11-16　正多面体を構成する条件

$m = 3$	$n = 3$	正 4 面体,
$m = 3$	$n = 4$	正 6 面体,
$m = 3$	$n = 5$	正 12 面体,
$m = 4$	$n = 3$	正 8 面体,
$m = 5$	$n = 3$	正 20 面体.

そのそれぞれの五つの立体に内接外接する球は六つです．そのそれぞれに惑星の軌道をふくむ球が割り振られる，だから惑星の数は六つだというのが，ケプラーの答えです．

ケプラーのこの発想は 1596 年に出版された，ケプラーの25歳の著書『宇宙の神秘』で発表されました[12]．これでもってケプラーは，天文学者としての名声をかち得たのです．僕は工作舎の訳でこの本を初めて読んだときにその特異な発想に驚かされ，それでケプラーに取り憑かれたんです．こういう発想の背後には世界は数学的にできているという，プラトン的信念があったのでしょうね．今から見ると奇想天外に思えるけれど，しかし現在の物理学の最先端の素粒子論の議論にもちょっと似たところがあるのです．

ここで，レティクスやケプラーの，今から見ればおよそ見当はずれな問題設定と無意味にしか思えない挑戦にわざわざ立ち寄って趣味的に細かく語ったのは，僕自身の問題関心の脱線的傾向のためであったことは事実ですが，それと同時に，科学の進歩や発展が，実際には整理された科学史に描かれているような予定調和的なものではなく，錯覚や思い違いや脱線や誤りに満ちたものであることを知ってもらいたいからでもあります．過去のそれぞれの時代には，現在の常識とは異なる通念，ものごとの見方がそれぞれあり，天文学者や数学者もそのような通念から自由であったわけではないのです．

---

12)　ケプラーの代表的著書，『宇宙の神秘』(1596)，『新天文学』(1609)，『宇宙の調和』(1619) はすべて工作舎から邦訳が出ています．ラテン語からの翻訳の作業は大変困難であっただろうと推測されます．翻訳してくださった大槻真一郎・岸本良彦両氏，および出版社に敬意を表したいと思います．

ところで，本論に戻りますと，それぞれの惑星の軌道半径は既にコペルニクスによってわかっていました．惑星ごとの厚みもわかっていました（表11-4）．その厚みを考慮してこのケプラーの正多面体モデルで計算すると，まったくの偶然だけれども，コペルニクスの求めた惑星の軌道半径にある程度合っていたのです．でももちろん完全には一致していない．そこでケプラーはコペルニクスの数値の精度はイマイチで必ずしも正確ではないんじゃないかと考えました．自分の正多面体モデルには相当の自信を持っていたのです．メストリン先生もコペルニクスの本の数値は必ずしも正確ではないと述べていました．

だいたいコペルニクスに限らず，その頃まで，惑星軌道は衝とか食とか特定の惑星の配置のときの三点か四点だけの観測で決められていました．惑星の運動を連続的に追いかけてそれに一番フィットする曲線を考えるというようなことはなされていなかったのです．

その当時，一番正確な観測データを持っていたのはティコ・ブラーエでした．ティコ・ブラーエはそれまでの観測データの限界を破って，恒星にたいしては角度の1分のレベルまで，惑星にたいしても4分程度まで，観測誤差を下げました．

それだけではありません．ティコ・ブラーエの観測データがそれまでのものと決定的に異なり優れていたのは，長期にわたる連続的な観測だったということです．つまり，ある特定の日だけ，ポツン，ポツン，ポツンとやっていたのがそれまででしたが，ティコ・ブラーエは20年間にわたって天候が許す限り，何人もの助手たちをこき使って，毎日毎日観測を続けていました．

そしてケプラーはティコ・ブラーエの評判を聞いて，何とかその観測データを見せてもらいたい，使わせてもらいたい，と会いに行くわけです．このときには宗教的な問題もあります．カトリックが巻き返しに出て，ケプラーは勤めていたところを出なくてはならなくなっていたのです．他方で，ティコ・ブラーエの方もデンマークの新しい王様と折り合いが悪くなって，デンマークの自分の観測基地を追い出されてしまい，プラハで二人は合流することになります．ほぼ20年間のデータが蓄積されたタイミングでした．そしてケプラーはティコに弟子入りし，そのティコが絶対的権力をもって君臨しているチームに加わることになりました．

ケプラーのもともとの狙いは正しいデータから，自身の正多面体モデルの正しさを確かめたいというものでした．しかしティコはデータを秘匿し，なかなか見せてくれません．ティコにとって観測データは貴重な財産であり，気安く人に見せられるものではなかったのです．

ティコの生前，貴族のティコと平民のケプラーは性格的にもあわず，しばしば衝突していたようです．ところが，一緒になって1年ぐらいでティコは死んでしまい，ケプラーは，ティコの膨大な観測データを引き継ぐことになりました．もちろん他にも弟子はいたのですが，ティコ・ブラーエは最後にその貴重なデータをケプラーに委ねたわけです．他の連中は，膨大なデータを十分に使いこなすだけの実力がないと判断されたわけです．

実際その当時，ティコ・ブラーエのデータを本当に使いこなし，そこから惑星運動の秘密を探りだすことができた人間はケプラーしかいなかったでしょう．その意味でティコも幸せだったと思います．

その頃の天体観測の目的は，法則を見出すとか理論を作るということではありません．占星術や暦の作成や何なりに使うための「天体表」を作る，何月何日に星がどこに見えるか，それを読みとることの可能な表を作成するのが目的なんです．

数学だってそうなんですよ．その頃の数学は，新しい数学理論を編み出すとか新しい定理を提唱し証明するのが目的じゃなく，「数表」を作るのが直接の目的です．

対数を作ったのはジョン・ネイピアという 1550 年生まれのスコットランドの貴族ですが，その成果は対数理論としてではなく，対数表として公表され，残されています．先に言ったレティクスも角度で 10 分きざみ，有効数字 15 桁の厖大な三角関数表を作っています．もちろんすべて手計算ですから，大変な作業だったと思います[13]．

ティコ・ブラーエにおいても，長年にわたる天体観測の直接の目的は正確な惑星の表を作ることでした．

13） 対数の形成については，私は『小数と対数の発見』（日本評論社）に書いておいたので，関心があればながめてください．

それまでプトレマイオスの天文学にもとづいた惑星の表として「アルフォンス表」というのがありましたが，あまり正確ではありませんでした．もっと正確な表を作りたいというのがティコ・ブラーエの望みでした．そのもともとの動機は，占星術に役立てることで，占星術をより有効なものにするためであったと考えられています．

ともあれ，ティコのもとではじめにケプラーに命じられた任務が火星の運動の解析，火星軌道の決定でした．他の惑星，木星とか土星の軌道はほとんど円で，軌道の決定は比較的簡単でした．ところが火星軌道は円からのはずれが大きく，一番の難題だったので，新米のケプラーに押し付けられたということだったようです．ケプラーは貧乏くじを引かされたのです[14]．

13　ケプラーの法則と力の概念

しかしそれだからこそケプラーは，人類の 2000 年に及ぶ思い込みを超えて，惑星の本当の軌道は円ではなく楕円だという正解に到達しえたのだと思います．

ケプラーは 1600 年ぐらいにティコ・ブラーエに弟子入りして，1601 年にティコ・ブラーエが死にます．それから何年間か火星のデータ相手に悪戦苦闘してたどり着いた

14）　実際には，軌道の円形からのはずれという点では，内惑星の水星の軌道は火星のものよりはずれが大きいことが知られていますが，水星は太陽に近いため観測がきわめて困難で，そのためデータがきわめて乏しかったのです．

のがケプラーの有名な三法則のうちの二法則です．それをケプラーは1609年の『新天文学』で発表します．それは現代的に整理して書けば，次のように表されます：

第一法則：惑星は太陽を一方の焦点とする楕円軌道を描く，
第二法則：そのさい面積速度は一定である．

通常，コペルニクスは太陽中心理論を唱えたと言われていますが，前に挙げた『小論』の要請3に「宇宙の中心は太陽の近くに存在する」と書かれているように，厳密には惑星の回転中心を太陽にではなく太陽の近くにある地球軌道の中心にとったのであり，そのため，軌道面がわずかに振動する結果になっていたのです．コペルニクスも地球の特別扱いに囚われていたのです．それにたいしてケプラーは，惑星の軌道中心を太陽自身にとったので，軌道平面がぶれなくなりました．現在ではこれは，ケプラーの「第零法則」と言われています．つまり本当の意味での太陽中心理論はケプラーに始まります．すなわち

第零法則：惑星は太陽をふくむ定平面上を周回する．

これを，プトレマイオスの離心円理論をコペルニクスに倣って太陽中心に置き換えたもの（便宜的にプトレマイオス－コペルニクス・モデルということで「PCモデル」と

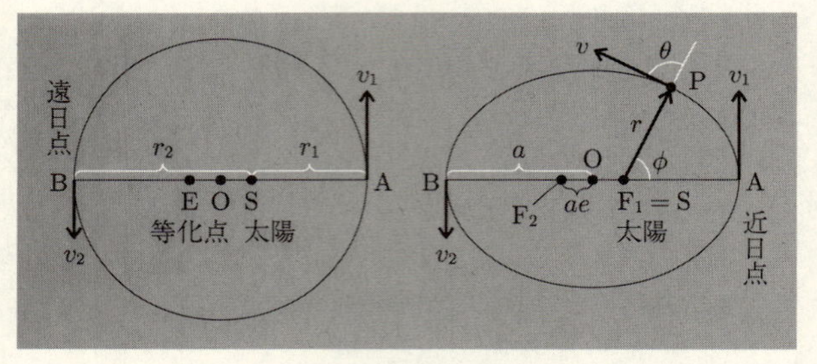

図 11-17　プトレマイオスの離心円モデルを太陽（S）中心に置きかえたもの，つまり PC モデル（左）とケプラーの楕円軌道（右）．F_1, F_2 が焦点．実際には離心率 e がきわめて小さく，楕円といってもほとんど円で，見た目には区別がつかない．図はかなり誇張して描かれている．

言うことにします）と比べてみます（図 11-17）．

PC モデルでは，図で半径 a の軌道円の中心 O からわずかに離れた点 S（$\overline{\mathrm{OS}} = ea \ll a$）に太陽があり，O に関して S と反対側に等化点 E があり（$\overline{\mathrm{OS}} = \overline{\mathrm{OE}} = ea$），その点に関して惑星が等速回転するとしました．EOS を通る直径を AB とし（A と B は地球中心理論ではそれぞれ「近地点」「遠地点」，太陽中心理論では「近日点」「遠日点」と言われます），惑星の A と B の位置での速度の大きさをそれぞれ v_1, v_2，また

$$\overline{\mathrm{AS}} = \overline{\mathrm{BE}} = (1-e)a = r_1, \quad \overline{\mathrm{BS}} = \overline{\mathrm{AE}} = (1+e)a = r_2$$

とすると，Eから見て回転角速度が等しいという意味の等速回転ということは

$$\frac{v_1}{r_2}=\frac{v_2}{r_1} \qquad \text{i.e.} \qquad r_1v_1=r_2v_2 \tag{1}$$

と表されます．

ケプラーの第一法則は，このPCモデルで，直径AOBを長軸，点Sと点Eをそれぞれ焦点F_1, F_2に置きかえ，したがってPCモデルの離心円を長半径a，離心率e，短半径$b=a\sqrt{1-e^2}$の楕円に置きかえたものです．

そして第二法則は，(1)式を遠日点，近日点にかぎらず，図の任意の点にも成り立つと主張するものです．すなわち，軌道上の任意の点で動径ベクトル$\overrightarrow{\mathrm{SP}}=\boldsymbol{r}$と速度ベクトル$\boldsymbol{v}$のなす角度を$\theta$として，動径ベクトルの単位時間あたり掃く面積が一定，数式で表せば

$$\frac{1}{2}rv\sin\theta=\frac{1}{2}r_1v_1=\frac{1}{2}r_2v_2=h\ (\text{const}). \tag{2}$$

つまりケプラーは，プトレマイオスの等化点の仮定が式(1)のように書き直せることに気づき，それを(2)式に拡大したのです．これが第二法則つまり面積速度一定の法則です．

実際にはケプラーは，太陽中心理論の場合，地球から見て惑星がどこに見えるかを正確に知るためには，地球の運動を正しく捉えていなければならないということから先に地球軌道を解析し，その地球軌道の解析からこの第二法則に到達していたのです．そしてそのうえで，第二法則が

火星にも当てはまるとして，火星の軌道の解析に向かったのです．ところが火星軌道を円で計算するとどうしても合わない．角度にしてわずか 8 分のズレがあった．45 度の方向と 135 度の方向とで軌道の 8 分のズレが埋まらない．それでケプラーは試行錯誤のあげくに楕円に行き着きました．ティコ・ブラーエ以前の天体観測では角度で 10 分程度の誤差があったので，この程度の食い違いは問題にならなかったのですが，ティコは観測精度を大幅に向上させたのであり，その場合には角度 8 分の食い違いは無視できなかったのです．

現在では円も楕円もおなじ二次曲線であり，円は楕円の離心率がゼロという特別な場合と見られています．しかし，ケプラーの時代には，軌道が楕円であった，つまり円ではなかったということは大変なちがいなのです．今まで完全な物体としてのエーテルからなる天の物体の運動は，完全な形である円，ないし円の組み合わせに決まっているとされてきました．コペルニクスも当然そう考えていました．楕円軌道は，その大原則と衝突することになったわけです．

ケプラーは晩年に，おのれの天文学研究の集大成として『コペルニクス天文学概要』を著しました．実際には『ケプラー天文学概要』というべき内容の書ですが，そこにはこう書かれています．きわめて重要なところなので，ちょっと長いけれども引用しておきます：

彼ら〔古代人〕は，元に戻ってくるすべての運動のうちでは円形のものがもっとも単純でもっとも完全であり，卵形とか他のすべての運動には直線が混入していると考えた．したがって円運動こそ〔天界の〕物体の本性にもっともかなっており，神の精神たる動者にふさわしく（というのも美と完全性は神の精神のものであるから），最後に球形を有する天に似つかわしいと考えたのである．これにたいして私は，以下のように答えよう．もしも古代人が信じたように天の運動が精神の業であるならば，惑星の運動が完全な円であるということは尤もらしいであろう．……しかし，天の運動は精神の業ではなく，自然の業，自然物体の能力のなせる業であり，さもなければ，これらの物体的な力に適合して作用する精神の業である．このことは天文学者の観測によってこそもっともよく検証される．そして天文学者は，視覚の錯誤をしかるべくとりのぞいたのちに楕円形の周回こそが惑星の現実の正しい運動であることを見出したのである．そしてその楕円が，自然物体の力とその形象の放射と大きさについての証拠を提供している．（『磁力と重力の発見』p. 706f.）

もちろん，第一法則も第二法則も火星について見出されたものですが，ケプラーはそれが他の惑星にも成り立つことを信じていました．太陽系はひとつのシステムであるというコペルニクスの主張を信じていたのです．そんなわけでケプラーは，当然のこととして，六つの惑星のあいだの関係を探し求めました．システムとしての太陽系が無関係な惑星軌道の集まりではないとすれば，六つの惑星の運動のあいだには何か有意な関係，つまりすべての惑星に共通する関係があるはずだ，このことをケプラーはずーっと考え続けて，そうしてたどり着いたのが，つぎの第三法則です：

第三法則：公転周期 T の 2 乗と平均距離（正しくは長半径）a の 3 乗との比は一定である[15]．

この「一定である」ということの意味は太陽系のすべての惑星について値が等しいということです．このことを長半径の 3/2 乗を公転周期で割ったものは一定であるとも表現できます．『理科年表』によって実際の値を表にしておきました．

ケプラーが見出した第三法則がじつによく成り立っていることがわかります．

ケプラーの発想は，混乱していて，時期によって違いも

15） ケプラーは楕円軌道の長半径 a を「平均距離（media distantia)」としていますが，a は正確には太陽から惑星までの距離 r の周期平均ではありません．物理量 … の周期平均を $\langle\cdots\rangle$ で表すと $\langle r\rangle = a(1+e^2/2)$, $\langle 1/r\rangle = 1/a$ です．江沢洋・中村孔一・山本義隆『演習詳解　力学』ちくま学芸文庫，問題 7-2，p. 468 参照．

表 11-5 ケプラーの第三法則の検証

惑星	公転周期 (T)	長半径 (a)	$a^{3/2}/T$
水星	0.2408	0.3871	1.0002
金星	0.6152	0.7233	0.9999
地球	1.0000	1.0000	1.0000
火星	1.8809	1.5237	1.0000
木星	11.8622	5.2026	1.0004
土星	29.4578	9.5549	1.0026

周期の単位は年，距離の単位は地球の平均距離.

あり，矛盾しているところもあり，そもそも力学の原理を知らないから今から見ると間違っているところも少なからずありますが，だいたいこんなふうに考えたようです.

ケプラーの第一法則は楕円軌道，その第二法則によれば，太陽から近いところは速度が大きくて，遠いところは速度が小さい．これは太陽からの力によって惑星が動かされているのであり，その力が遠くへ行くと弱くなるからである，というふうにケプラーは考えたのです.

簡単のため，円運動として整理して言います.

ケプラーは現代の力学を知らないから，惑星の速度 v が太陽からの力 F に比例し，その力が太陽からの距離つまり軌道半径 a に反比例していると考えたわけです $(v \propto F \propto 1/a)$．そうすると，惑星の速度もその軌道半径に反比例することになり，他方，軌道一周の長さはもちろん軌道半径に比例しているから，一周する時間（公転周期

T）は軌道半径の 2 乗に比例するはずだということになります（$T = 2\pi a/v \propto a^2$）．

このように T と a のあいだにすべての惑星に共通する関係があるはずだと考えてケプラーは，軌道半径と公転周期の実際の数値を調べ上げ，試行錯誤のすえに第三法則すなわち $T \propto a^{3/2}$ に行き当たったのです．

力学的な前提は間違っていますが，ともかくも距離とともに弱まっていく力，現代の用語では，数学的関数で表されるところの遠隔力という概念がおぼろげながら浮かび上がってきているのであり，それを天体間に最初に適用したのがケプラーなのです．そしてそのことこそが，その後の力学と物理学の発展にとって決定的だったのです．

私たちは，太陽と惑星間の万有引力によって惑星の運動はコントロールされているということをすでに知っています．でも，そんな考え方のなかった時代です．ケプラーが時代を超越しているのは，そこを直感的に捉えていたことです．

これでもって，コペルニクスが言った太陽系はひとつのシステムであるという理解が物理学的に一歩深められ，そのシステムについての動力学的な根拠を探っていく出発点が得られたことになります．

これが 1619 年です．1618 年はドイツ 30 年戦争の始まりで，それから 1648 年まで 30 年間にわたってドイツでは宗教をめぐって殺し合いをやっとったわけです．宗教的信念というのは，恐ろしいところがあるのですよ．

その当時の軍隊というのは，実際には武装したゴロツキ集団です．村を襲って食料を奪い，強姦する．ドイツ国内は荒れ果ててゆきました．戦争はいつの時代にも，むごたらしい悲惨なものなのです．

それにしても，そんな時代にこんな面倒な細かな計算をやっていた人がいたということは，それだけで，理屈を超えてすごいなと思います．

ドイツ30年戦争の始まった時代，1619年にケプラーは『宇宙の調和』を出版します．ケプラーが彼の第三法則を発表したのはこの本です．

ここに至って，惑星運動の捉え方が根本的に変わらなければならなくなってきたのです．

つまり，それまでは，天上世界の惑星は完全な物体であり，重くも軽くもなく，完全な運動として等速円運動を永久に続けるとか，あるいは球殻に光る点があって，その球殻がぐるぐる回ると考えられていました．その場合は，球殻を回しているのは神様です．神様の子分のエンジェルが回しているという説もありましたが，ともかく回転運動の物理的原因といったことは問題にされなかったのです．

しかし，太陽中心理論となって，地球みたいなでかい物体がいくつも宇宙空間を動き回っているとなると，何がそれらの運動をコントロールしているのかという問題がただちに浮上します．こうしてケプラーは，太陽が惑星に及ぼす力に思いいたりました．

すでに1609年の『新天文学』に「太陽は惑星を公転さ

せるはたらきの源泉である」とあります（『新天文学』序論）．ケプラーにとって，太陽中心理論は，単に太陽が中心に位置しているだけではありません．母なる太陽はすべての惑星に熱と光を与え，父なる太陽はすべての惑星に力を及ぼしてその運動を支配し制御していると，はやくから考えられていたのです．そのことは，「太陽そのものが世界を運動させる原動力であり鼓舞者である」という，地球が磁石であることを見出したギルバートの主張（『磁石論』Ⅵ-6）の影響でもあったのでしょう．1619年の第三法則の発見は，その確信を強めるものでした．

『コペルニクス天文学概要』には対話形式で書かれています：

〔問い〕**どのような理由であなたは太陽が惑星の運動の原因である，ないし運動の源泉であると考えるのか？**

〔回答〕そのわけは，任意の惑星が他の惑星にくらべて〔太陽から〕より遠くにあるかぎりより緩慢に動き，それゆえ周期の比は太陽からの距離の3/2乗の比になっていることが明らかだからである．そのことのゆえに，太陽が運動の源泉であると考えられる．（『世界の見方の転換』p. 1082．強調ママ）

つまりケプラーの太陽中心理論は，単なる幾何学的な太陽中心理論ではなく，物理学的な太陽中心理論なのです．ケプラーが火星の運動を記述した自身の書の書名を『新天文学』とした理由でしょう．それまでの天文学とは別物であるという自覚があったのだと思います．

ケプラーは著書『新天文学』に「ティコ・ブラーエ卿の観測により，火星の運動の考察によって得られた，因果律もしくは天界の物理学（physica coelestice）にもとづく天文学」と副題をつけ，そして晩年の『コペルニクス天文学概要』では，その冒頭に次の問答を記しています：

〔問い〕天文学とはなにか？

〔回答〕天文学は我々が天や星に着目するときに生じる事柄の原因を提示する学問である．…… それは事物や自然現象の原因を探求するがゆえに，物理学の一部である．（『世界の見方の転換』p. 1108）

軌道の単なる幾何学的記述にとどまらない力概念にもとづく天文学，すなわち物理学としての天文学の宣言です．

そればかりかケプラーは『新天文学』の「序論」に「二つの石を，第三の類縁の物体の作用圏外にあるどこかに，互いに接近させて置けば，その二つの石は，二つの磁力をもつ物体と同じように両者の中間の場所で合体するであろう」と記し，天体同士にかぎらず，より一般的な形で「引力」を語っています．のちのニュートンによる「万有引力」概念に大きく接近していたのです．

そしてさらにその力を月と地球上の海水に適用することで，潮汐をも説明しています．この「序論」には書かれています：

> 月に備わる引力の作用圏は地球にまで及ぶ．そして月はその位置の頂点に来る合の状態になると，熱帯に海水を引き寄せる．

潮の満ち干と月の位置の相関は，占星術的現象ではなく，遠隔力としての引力概念にもとづく物理学的現象であるという，明確な宣言なのです．

ケプラーが天体の運動にたいして因果的説明を求めたことによって，physica，英語の physics が「自然学」から「物理学」に変わったのだと言えます．そしてその鍵となったのが力の概念なのです．

第３限　近代力学への歩み

14　魔術的自然観

中世末期にいわゆる「スコラ哲学」として大学で教えられていた自然学は，基本的にアリストテレスのものです．それは性質の科学であり，事物の本性，つまり事物の基本的な性質からその振る舞いを論証するものです．

重いものは手を離すと下に落ちていく．石ころは下に落ちていく．先に言ったように，これは「自然運動」と言われ，そういうもんだで終わっていました．それ以外の運動は「強制運動」と言われていました．手でものを放ると水平に飛んでいくのは強制運動としてです．ではその強制運動が手がはなれた後もしばらく持続するのはなぜか．アリストテレスの弱点もここにありました．前にも言ったように，物体の後ろに生まれる真空を埋めるために，後ろから空気が入り込んで，それが飛行物体を前方に押している，というのがアリストテレスの議論です．

ここには三つの前提が置かれています．第一は自然は真空を許さないこと．この点は前に言いました．第二は，手から放たれた物体がその後も水平方向に飛び続けるためには，つねに前から引かれ続けているか後ろから押され続けていなければならないこと．そして第三に，その引いたり押したりする力は，直接接触している物体によって加えられなければならないこと．つまり力概念は人間がものを引いたり押したりするその筋肉感覚から来ているのであり，つねに接触力＝近接作用として理解されていたのです．

空間的に離れたところにある物体を引くには紐をつけなければならないし，押すには棒を使わなければならないというのは日常生活の常識で，アリストテレスの自然学では，物体があいだに介在するもののない離れた物体に力を及ぼすなんてことはありえないとされていたのです．「場所的に運動を引き起こすものは，動かされるものに接触しているか連続しているかのどちらかでなければならない」と言ったのはアリストテレス自身であり（『自然学』Ⅶ-1），ずっと時代が下がって，13世紀の哲学者ロジャー・ベーコンも「作用には必要条件として近接性が要求される」と語っていたのです（『磁力と重力の発見』p. 5

より）.

たとえば占星術にたいしても，当時は天空と地球までの距離が今よりずっと短いと思われていたのであり，天空と地球までのあいだに真空はなく，惑星が地球上の自然や人間に影響を及ぼすのは，あいだにあるエーテルとか空気とかの物質を媒介してであると解釈されていたのです.

中世末期から近代初頭にかけて，それまでのアリストテレス自然学にもとづくスコラ哲学での自然理解にたいする批判として登場したのが，ひとつは魔術的自然観であり，いまひとつが機械論的自然観です．今でこそ魔術的自然観は過去のもの，人類が合理的な近代科学に到達する以前の迷妄，として片づけられて顧みられなくなっていますが，中世末期から近代初頭にかけては，魔術的自然観はそれなりに影響力を持ち，支持され，スコラ哲学をこえる新しい自然観を提起するものとして，機械論的世界像と張り合っていたのです.

西欧で「魔術」というのは，一方には呪文やシンボルをもちいて悪魔を呼び出し，超自然的な現象を出現させて人を怖がらせたり，悪事を働いたりするいわゆる「黒魔術」「呪術魔術」から，その対極にある，自然の働きを人為的に再現させ人間生活に役立たせる「白魔術」「自然魔術」まで，広く語られていました．ここで問題にしているのは自然魔術で，その魔術思想をなによりも特徴づけているのは，遠隔作用を認めていることなのです．その点こそが，魔術的自然観がアリストテレス自然学とも機械論的自然観とも決定的に異なるところなのです.

中世スコラ哲学では，たとえば磁力のようなどうしても説明のつかない遠隔力や，あるいは硫黄の可燃性や麻酔剤の人に眠気をもたらす性質のような説明不能で冷温・乾湿の枠組みにあてはまらない性質などは，苦し紛れに「隠れた力」とか「隠れた性質」と呼ばれていました.

それにたいして自然魔術の基本思想は，生物・無生物を問わず自然の諸物体の間には「共感と反感」の関係として遠隔的な影響が働いていると考えるものであり，その働き，あるいは「隠れた性質」や「隠れた力」と言われているものを経験的に，さらには実験的に調べ上げ，自然の働きを人為的に促進させることによって人間が利用することができる，人間生活に役立てることができるというものであり，その意味で自然魔術は実験科学に近いところがあります．ルネサンス期の魔術師と言われたアグリッパ・フォン・ネッテスハイムは，1530年の『諸学の空しさと不確かさについて』で語っています：

> 自然魔術はすべての自然的・天体的事物の力を熟慮し，その秩序を注意深く研究し，……自然の秘められた力を知ろうとするものである．こうして驚くべき奇蹟が，技術によってではなく，自然によってしばしば起きるのである．技術は自然にたいして下僕のように仕えることによってこれらの事物に働きかける．（『磁力と重力の発見』p. 514）

この時期の魔術思想の代表的スポークスマンとしてイタリアのジェローラモ・カルダーノとデッラ・ポルタが有名ですが，カルダーノの書『微細なものについて』やデッラ・ポルタの『自然魔術』では経験と実験的観測が重視され，その技術的応用に照準が合わせられています．「魔術の所作とは自然の働き以外のものではなく，魔術は自然を誠実に補完するもの」と言ったのは，そのデッラ・ポルタです（『自然魔術』 I-2）．

とくにデッラ・ポルタによる磁石の実験は，その目的が磁石の振る舞いについての法則性を見出すというよりは，どちらかというと人を驚かせる，あるいはなんらかの実用に供する，という面が強かったという点をのぞけば，近代物理学の実験と大差はありません．そしてデッラ・ポルタにかぎらず，魔術師は磁石と磁力にとくに強い関心を有していました．というのも，古代からよく知られていた遠隔作用のほとんど唯一の実例が，磁力だったからです．

磁力の不思議さは，単に離れたところの鉄を引きつけるだけではありません．その指北性も同様に不思議なことでした．磁針が北を指すということは中世には知られていて，船乗りはこれを使っていました．その頃は北の方向を指すというよりは，磁針は北極星を指す，あるいは北極星に引かれるのだと思われていました．というのも，当時，地球の自転は考えられていないし，したがって地球に地軸があるという見方もなく，その頃は，北極とか南極とかは天にしかなかったからです．磁針が天の北極を指す，あるいは北極星が磁針に影響を及ぼしている，ということは天からの力が目に見える形で示されていると考えられたわけで，占星術を裏づけるものと思われていたのです．

それればかりか，磁石は鉄をつぎつぎ磁化させるという，一見したところ霊的な能力をも持ち，そのことも含めて磁石は魔術的な物体で，磁力は一種の魔術的な力と見られていました．古来，磁石は魔術師のお好みのアイテムで，魔術実演の定番だったのです．

だからイギリスのギルバートが1600年に地球は巨大な磁石であると発見したことは，地球の理解に画期的な転換をもたらすものだったのです．それは，大気の底に沈む不活性な土塊というそれまでの地球にたいする見方の根本的な変革を迫る大発見だったわけです．

そのギルバートの発見に大きな影響を受けたのが，我らがケプラーだったのです．1603年にケプラーは知人への手紙で「私に翼があるならば，イギリスに飛んでいってギルバートと話をしたいものです．彼の基本法則で惑星のすべての運動は証明できるものと私は信じています」とまで語っていたのです．ケプラーは，そのギルバートの発見を受けて，地球が磁石であるのなら，太陽やお月さんも磁石であったとしても不思議ではないであろう，磁石同士には遠隔力が働くのだから，うんと離れた天体同士が力を及ぼし合っても不思議はないであろうと思い至り，天体間の力の存在に確信を持ったわけです．

そしてケプラーは，『新天文学』，そして晩年に書いた

『夢　もしくは月の天文学』といういささか不思議な作品で，二物体間にはそのそれぞれの質量に比例しその間の距離に反比例する引力が働くという内容の重力論を語っています．ケプラーのこの『夢』は，月旅行の物語，そして月から見た地球と宇宙の記述というSF的作品で，ケプラーの死後に出版されたものですが，本文の他にケプラー自身が後に付した詳細な注が彼の天文学理解を示していて，きわめて興味ぶかい小品です．その注のひとつ（注77）に「〔月と地球の〕両球のあいだに浮かぶ物体は，両球からの距離の比が両球の物体の〔質量〕比に等しい位置にあるときには，静止したままになるであろう．反対方向へ引っ張る力がたがいに打ち消しあうからである」とあります[16)]．つまり月旅行者は地球と月の中間で，地球の質量に比例し，地球からの距離に反比例する引力を地球から受け，同様の引力を月からも受けているというものです．

その重力の関数形が，ニュートンの発見した正解すなわち距離の2乗に反比例になっていないというようなことはむしろ二義的なことであり，なにより重要なことは，距離の数学的関数として減衰する遠隔力という概念を天文学に導入したことにあります．

16）ケプラーの『夢』は『ケプラーの夢』の表題で講談社から訳がでており，訳者渡辺正雄・榎本恵美子による詳細な注も付いています．

15 ガリレオ・ガリレイ

中世末期から近代初頭にかけて，スコラ哲学にとって代わる新しい自然観を提起するものとして，魔術的自然観と競合していたもう一方が機械論的自然観であり，それに目を転じます．

その時代の機械論的自然観のチャンピオンが，イタリアのガリレオ・ガリレイ（1564-1642）であり，フランスのルネ・デカルト（1596-1650）です．ケプラーよりガリレイは7歳年長，デカルトは25歳年少，ほぼ同時代人ですが，二人とも惑星運動についてケプラーの発見した楕円軌道や面積法則については，なにも語っていません．その重要性を理解していなかったと考えざるをえません．リン・ホワイト・ジュニアの書には書かれています：

> 彼〔ガリレイ〕はケプラーの考えを認めも斥けもしなかった．彼は許し難い罪を犯した．つまり彼はそれを無視したのである．（『機械と神』第6章，青木靖三訳，みすず書房）

ガリレイが天文学で果たした役割はいろいろ言われていますが，その多くはジャーナリスティックな文筆活動です．たしかにガリレイは筆の立つ人でした．ガリレイはこの図の人です（図11-18）．隣に描かれているのが望遠鏡です．1609年にケプラーは『新天文学』を書いて，惑星は楕円軌道を描くと述べました．そのおなじ頃，ガリレイ

図 11-18　ガリレオ・ガリレイと望遠鏡

はイタリアで，望遠鏡を使ってお月さんや天空を眺めていたのです．天文学の発展にたいするガリレイの一番大きな寄与は，望遠鏡で天体観測をして多くのことを見出し，その見出した驚異的な事実を明快なそして感動的な言葉で語りかけたことです[17]．

ガリレイが望遠鏡を発明したわけではありません．望遠鏡を作ったのは，もっと前の人で，一説にはオランダ人のメガネ職人だと言われています．イタリアの自然魔術師の

17）　ガリレイの著書の邦訳について，『星界の報告』は「太陽黒点にかんする第二書簡」とあわせて山田慶児・谷泰の訳で，『二大世界体系についての対話』の青木靖三による邦訳は『天文対話』の表題で，そして『新科学対話』は今野武雄・日田節次訳で，すべて岩波文庫で出版されています．また中央公論社『世界の名著　21』には『偽金鑑識官』山田慶児・谷泰訳，『レ・メカニケ』豊田利幸訳が収録されています．

デッラ・ポルタとの説もあります．使用した望遠鏡は，今では子どものおもちゃ程度でしょうか．倍率はせいぜい20倍ぐらいでしょう．しかしそれでお月さんの表面を観察することによって，「月の表面は，多くの哲学者たちが月や他の天体について主張しているような，滑らかで一様な，完全な球体なのではない．逆に，起伏にとんでいて粗く，いたるところにくぼみや隆起がある．山脈やふかい谷によって刻まれた地面となんの変わりもない」ということを見出したのです．今でこそそれはあたり前ですが，月より上は別世界と信じられていたその時代では，衝撃的な発見だったのです．

それだけでなく，そもそも天空には，これまで肉眼では見えていなかった星がおびただしく存在すること，木星にも月つまり衛星がそれも複数個あるとか，銀河は多くの星の集まりであるとか，そういうことを発見しました．そのほかに太陽の表面に黒点があり，それが生まれたり消えていったりしていること，金星も月のように満ち欠けを示すこと，つまり金星の光は太陽光の反射であることなども発見しました．

というか，発見しただけではなく，その発見を写実的で印象深い絵に描いて，さらに分かりやすい言葉で表現し，読みやすいコンパクトな書にして出版し，多くの人たちに知らせたのです．それが1610年の3月に刊行された『星界の報告』という書物，そして1613年の太陽黒点に関する書簡の書です．『星界の報告』は薄い本ですぐ読めます．

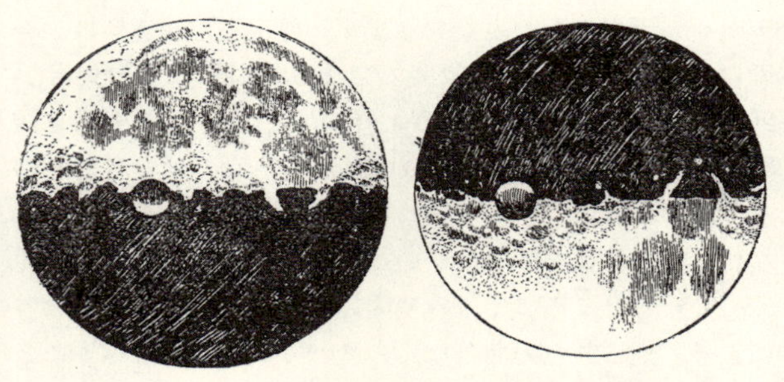

図 11-19　ガリレイが望遠鏡で観測した月の表面．凹凸やクレーターが見られる．『星界の報告』1610 年より

図 11-19 は，その本に載せられているガリレイが描いた月の表面です．同書には，初めて望遠鏡で天体を観測した人間の興奮と感激が生き生きと描かれています．とくに添えられた月の表面のスケッチは印象深いものであったと思われます．このことと太陽黒点の発見とは，これまでのツルツルピカピカの完全な物質としての球形の太陽や月という固定観念を破壊するものでした．他方で，木星も衛星を持つという発見は，地球だけが月を持ち，したがって地球だけが回転中心となりうるのだという，根強い反地動説の有力なひとつの論拠を掘り崩すものでした．

コペルニクスの『天球回転論』がすごい，ケプラーの『新天文学』が画期的であるといっても，ガチガチの数学がふんだんに使われたそれらの分厚い本を読むことのできた人は，当時ではきわめて限られています．いや，今でも限られています．それにひきかえ数式もなく読み易い文章と明瞭な図版からなるこのガリレイの小さな書物は，大ベストセラーになり，評判を呼び，人々を驚嘆させ，おおきな影響を与えました．ガリレイのこの発見は，イタリアにとどまらずヨーロッパ中に一大センセーションを巻き起こしたのです．

そしてガリレイはこの『星界の報告』で，太陽中心説によって地球が惑星の仲間入りをしたことをうけて，「地球が遊星であり，輝きにおいて月を凌駕していること，世界の底によどんでいる汚い滓ではないことを示そう」と表明しています．地球が惑星の仲間入りをしたことは喜ぶべきことではないか，というきわめて肯定的な評価を与えたのです．そしてそれは，のちのガリレイの対話篇における「大地も宇宙を構成している他の天体同様の完全性を享受しているとみなす」という発言につながってゆきます．

コペルニクスが地球を惑星の仲間入りさせ，その後，1570年代の新星と彗星の登場によって天上世界が不生・不滅なわけではないことが示されました．そのことは月より上の世界と地上の世界が別世界であるという，古代以来スコラ哲学に至るまでのドグマを否定することだったのですが，その時点ではまだ二元的世界の否定が実感として受け容れられていたわけではありませんでした．この点で決定的な役割を果たしたのが，ガリレイの『星界の報告』だったのです．

ところで，お月さんが地球と同様のでかい土と岩の塊だとすると，なんで地球に落ちてこないのか，そんなものがなんで空にぽっかり浮かんでいられるのか．当然，そういうことが問題になります．問題は月だけではありません．太陽中心説になって，地球は，水星，金星，火星，木星，土星と同様に，太陽のまわりを回ることになりました．では，なぜ地球は太陽のまわりを周回し続けられるのか，ということが問題になるわけです．コペルニクスは球形物体はその本性として円運動を続けるということで済ませていたのですが，もはやそれでは済まなくなったのです．

しかしこの謎の解決は，ニュートンによる力学の形成まで持ち越されます．その問題を解決するためには力学が作られなければならなかったのです．

ガリレイが創ったのは，力学のほんの基礎の部分です．それは地球上の物体の運動と落下についての新しい見方と新しい研究の仕方を語ったことです．アリストテレスは，物体の落下を自然運動とし，重い物体ほど速く落下すると主張しました．アリストテレス理論の出発点は経験の直接的な理論化にありますが，たしかにこのことは経験にマッチしています．実際，重い石はストーンと落下するのにひきかえ，軽い木の葉はひらひらと舞い降ります．しかしガリレイは，重量によって落下速度に違いがあるのは空気の抵抗があるからで，それがない理想的な状態では重い物体も軽い物体もおなじ速さで落下すると主張しました．

ガリレイが主張したのは，直接に経験されるあるがままの地上物体の運動ではなく，理想的な状態での物体の運動，つまり空気抵抗や摩擦のような摂動つまり副次的攪乱要因とみなされる外的な障害を取り除いた真空中の運動こそが「真の運動」で，落下の法則はその「真の運動」にたいして語られなければならないということです．そしてその場合には，重い石ころも軽い木の葉も，ともにストーンと同じ速度で落下するであろう，と推測したのです．

この点で，ガリレイには先駆者がいます．ヴェネツィア生まれのジョヴァンニ・バッティスタ・ベネディッティ（1530-90）の1554年の書『局所的運動の比率の証明』に次のように語られています（『一六世紀文化革命』p. 403）．同一の重さで同じ大きさで同じ形の三つの物体を並べて落下させると，当然その三つは並んで落下し，同時に床に着くであろう．そこでそのうちの二つを十分に軽い紐でむすびつけると，もとと同じ重さのひとつの物体と2倍の重さのもう一つの物体になるが，もともと三つが並んで落下したのであるから，当然その二つは並んで落下するであろう．つまり，ある物体とその2倍の重さの物体は同じ速度で落下するであろう．

ガリレイは1638年の『新科学対話』（第1日）で，同様のことを次のように語っています．重い石と軽い石を同時に落とせば，重い石のほうが速く落下するのだとすれば，その二つの石を紐で繋げば，当然，速い方は遅い方によって引き止められるのでもとより遅くなり，他方遅い方は速い方によって引っ張られるのでもとより速くなり，結果として中間の速度になるであろう．しかしそうだとすれば，重い石はより重くなったにもかかわらずより遅くなり，これは矛盾ではないかというものです．

つまり頭のなかで実験し，結論づけたもので，「思考実験」と言われています．

そしてガリレイの落下についての研究は，外的な障害をはぎとったならば，地上のすべての物体は一定の加速度で落下すると仮定し，その仮定にもとづいて，等加速度落下では，静止状態から落下し始めた物体の落下速度は落下時間に比例して増加し，落下距離は落下時間の2乗に比例するという命題を純粋に数学的に導き出し，その論証の結果を検証するために，特別に考案された装置で実験し定量的に検証することにつきています．

実際にガリレイは，その推理を確かめる目的で，理想的な状態，つまり真空に近い状態を作るために，滑らかで摩擦の無視できる小さな傾きの斜面を使って落下速度を減少させることで空気抵抗を軽減させ，真空中の落下に近い状態での落下を測定し，物体の等加速度落下の落下速度が落下時間に比例し，落下距離が落下時間に2乗に比例することを検証した，と言われています．

こうしてガリレイは，仮説・論証・実験という近代科学の方法を編み出したのです．力学への，ひいては近代物理学へのガリレイの最大の寄与は，このことにあると思われます．ほぼ1世紀半のちにドイツの哲学者カント先生が次のように語っています：

> ガリレイがかれ自身を択(えら)んだ重さの球をして斜面を転下せしめた時に，……一道の光明があらゆる自然研究者に見え始めたのである．かれらは理解した，理性が洞察するところのものは理性自ら自己の計画にしたがって産出したもののみであるということ，理性は常恒(じょうこう)なる法則に従えるその判断原理をもって先行し，自然をかれの質問に答えるように強(し)いなければならぬ，けれども自然からのみいわばアンヨ紐(ひも)でアンヨさせられてはならぬ，ということを．（『純粋理性批判』第2版序，天野貞祐訳，講談社学術文庫，傍点ママ）

同様に，ガリレイは，物体は下向きの斜面にそって滑り降りるときは加速され，上向きの斜面にそって滑るときには減速されるから，そのどちらでもない水平面にそって滑るときには減速も加速もされない，つまり等速度で動き続けると論じたのです．これが「慣性の法則」のガリレイによる発見で，アリストテレス運動論を悩ました問題を解決したことになります（ただしガリレイのその慣性は，地球表面にそった水平運動に限られるので，大きく見れば地球の表面にそった円運動の慣性という，不自然で不正確なものでありますが）．

そしてさらに任意の方向に放り出した物体の運動は，水平方向の等速度運動と鉛直方向の下向きの加速運動の合成として，数学的な議論でもって，放物運動であることを導きました．このことによって，動いている船のマストの天辺から落とした小石は，船上の人から見れば真下に落下し船の動きが見えないという，以前にディッゲスが語った，そしてガリレイ自身も対話篇で語っている事実を，数学的に裏づけることができます．

いま，岸から見た船の速度が v で一定，マストの天辺の高さを h とします．マストの天辺で小石をそっと放します．マストは小石が放されて後，時間 t 後に水平に vt 進んでいます．他方，小石は，放たれた瞬間，岸から見れば水平に速度 v を持っています．したがって時間 t 後には，岸から見てはじめの位置から水平に vt 移動していますが，それはマストの位置です．小石はそれと同時に，落下加速度を g とすれば鉛直方向に $gt^2/2$ だけ落下しているわけです．したがってこの現象を船から見ると，小石はマストにそって真下に落下したように見えるわけです．

地球上での物体の落下加速度は，ほぼ $g = 10\,\mathrm{m/s^2}$ で，高さ $h = 45\,\mathrm{m}$ から落とせば3秒で下に着きます．図11-20は，時速36 km（$v = 10\,\mathrm{m/s}$）で動く船舶の高さ $h = 45\,\mathrm{m}$ のマストの天辺から落下した小石の，3秒後に甲板に着くまでの0.5秒ずつの小石とマストの位置を示したものです．陸上から撮った0.5秒ずつの連続写真を重ねて焼いたものと思ってください．

結局，一定の速度で動いている船の上での物体の運動は，その船の上にいる人から見れば，船が静止している場合とまったく同じに見えるので，船の上の人には，船の外を見ない限り，船が動いているか静止しているか判断でき

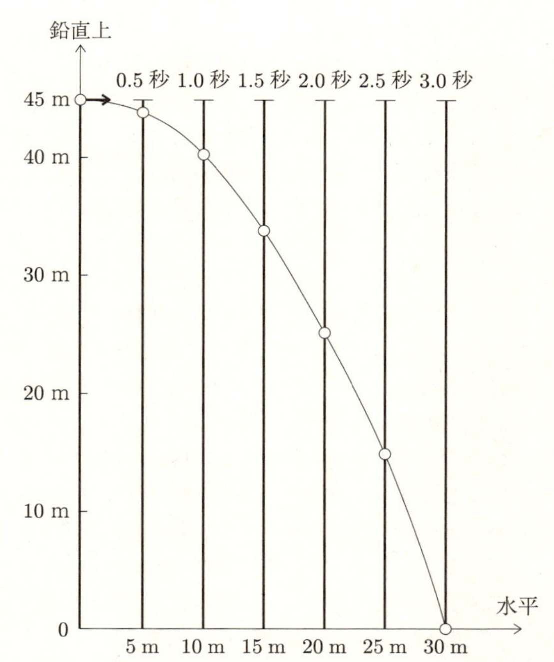

図 11-20 秒速 10 m で動く船の高さ 45 m のマスト（黒い縦線）の天辺から落とされた小石（白丸）の落下を岸から見た図

ないということです．このことはのちに「ガリレイの相対性原理」と呼ばれるようになります．

地球が動いていても，短時間で地球の速度が一定と見なしうるかぎりでは，地球上の人間には，地球の運動が見えなくてあたりまえなのです.

しかしガリレイは，このように重量物体が自由にされれば事実として下向きに加速されて落下することは語っていますが，それが地球の重力に引かれたからだとは，決して言っていません．そもそも加速の原因についてはなにも語っていません．ガリレイは，自己の対話篇で語っています：

> 今ここで〔自由落下という〕自然運動の原因がなんであるのかについて研究することは適当ではないと，私には思われます．これについては，いろいろな哲学者が種々の意見を提出しております．……これらすべての空想はその他のものとともに検討を加えねばならないでしょうが，そのことでえられるものはわずかしかありません．現在われわれの著者〔ガリレイ〕の求めているところは（その原因はなんであれ）そのように加速された運動のいくつかの性質を研究し説明することにあるのです．（『新科学対話』第3日）

ガリレイの落下の法則は，加速度落下の「なぜ（why）」を自然学の言葉で語るものではなく，落下の「どのように（how）」を数学の言葉で語るものだったのです.

結局ガリレイは，物体の運動の形態や特徴をその物体の本性から論証するとか，あるいは物体の加速についてその原因を追究するという行き方を放棄し，鉛直方向への等加速度の落下という仮説を立て，その仮説にもとづき運動の形態を数学的に法則化し，その法則を実験と測定によって検証することに，自然科学あるいは運動の科学の目的や守備範囲を限定したのです．哲学では事物の本質を問う理論を「存在論」と言いますが，ガリレイは運動の科学から存在論を追放したのです．

16 重力を認めない機械論

中世スコラ哲学にかわる新しい自然観を提示したのが，一方における魔術的自然観であり，他方における機械論的自然観だと言いましたが，その機械論的自然観は，ケプラーが行き着いた天体間に遠隔的に働く力については，はっきり拒否しています．近代的なものの見方を自認する機械論は，遠隔力など，到底認められなかったのです．

もちろんガリレイも，地球であり太陽であれ，物体が空間的に離れたところにある物体に力を及ぼす能力を有しているなどということを認めていません．ガリレイが天体間の重力を認めていないことは，彼の潮汐論に顕著です．

ケプラーも語っていたように，地球上の海洋における潮の満ち干が月との位置関係に相関していることは，昔からよく知られていました．簡単に言うと，地球上の月の真下の面およびその裏側の面で満ち潮になります（実際には少し遅れます）．そして地球と月と太陽が一直線になるとき，つまり満月と新月のとき，その効果は拡大され，他方，地球から見て月と太陽が90度の角度をなしているとき，つまり弓張月のとき，潮の満ち干は小さくなります．

それにたいしてガリレイは，『天文対話』の第4日で，ケプラーが「月の水にたいする支配力や，また隠れた性質や同じような子供らしいことに耳を傾け，同意している」ことを批判し，潮の満ち干を地球の自転と公転で説明しました．公転に自転が重なると，地球表面で自転によって公転と同方向に動く部分と公転と逆方向に動く部分で速度差が生じますが，容器に水を入れて揺すぶれば速度変化のため波が出来るのと同様に，地球という容器に入った海の水は自転によって揺すぶられて波ができるというのです．

しかしこのガリレイの説によると，潮の満ち干は月や太陽との位置とはまったく無関係で，しかも24時間周期になります．その結論は経験的によく知られた事実にあっていません．ガリレイはこれこそ地球の自転と公転の存在を立証する決定打だと意気込んだのですが，結局，潮汐の現象を説明できませんでした．

機械論的自然観のもう一人のスポークスマンであるデカルトに転じます（図11-21）．

デカルトは，すべての物体は幾何学的形状を持ち，空間内にある位置を占め，位置変化という意味での運動をする以外には，性質を持たず，不活性で自分から運動する能力も他に働きかける能力も持たないと考えます．それぞれの物体が示す性質や働きは，このことだけから導き出され，説明されなければならないと言うのです．そして空間は物質とまったくおなじように扱われています．その意味で真

図 11-21　ルネ・デカルト生誕 400 年記念切手

空は否定されています.

デカルトは物質の元素として,「火」と「気（空気)」と「土」を認めていますが, それらについて『宇宙論』で語っています[18)]：

これらの元素を説明するために, 哲学者たちがして

18) デカルトの著書からの引用は, 白水社『デカルト著作集 4』『宇宙論』野沢協・中野重伸訳, および『同 3』『哲学原理』三輪正・本多英太郎訳より.

いるように，温，冷，湿，乾と呼ばれる性質を私が使わないのを見て奇妙だと思われるなら，私は次のように言いたい．これらの性質はそれ自体が説明を要するように見えるし，また私のまちがいでないとしたら，これら四つの性質ばかりでなく他のすべての性質も，生命のない物体のあらゆる形相さえも，その形成のためにそれらの物質のうちにその諸部分の運動・大きさ・形・配列のほかはなにひとつ仮定する必要なしに説明されうるのである．(『宇宙論』第５章)

しかしその現実は，原子とか分子とかの物質のミクロな構造がなにひとつ分かっていない当時の状態では，水が流動的なのは水の粒子が丸いからだとか，酸が刺激性なのは酸を構成している粒子に棘（酸突起）があるからだという，当時のデカルト派化学者の主張のような，まるで子供の思いつきのような空疎なものでしかなかったのです．

力学理論へのデカルトの寄与は，やや不正確な形での運動量保存則の提唱にほぼ限られます．『哲学原理』には書かれています：

自然の第一法則：あらゆるものは常にできるだけ同じ状態を保とうとする．したがって一度動かされるといつまでも動きつづける．

自然の第二法則：すべての運動はそれ自身としては直線的である．したがって円運動をするのは，その描く円の中心から常に遠ざかろうとする傾向を持つ.

自然の第三法則：物体はより強力な物体と衝突するときには，自分の運動を何ら失わないが，より弱い物体と衝突するときには，その弱い物体に移しただけの運動を失う.（『哲学原理』第2部37, 39, 40）

第一法則は，慣性の法則であって，ガリレイの語った「地球上の水平面にそって」という制限を外して一般化したものです．第三法則は衝突過程での運動量保存ですが,「より強力な物体と……失わないが」の部分は不正確です．しかし驚くのは，この三つの法則の大前提として「36　神は運動の第一原因であって，宇宙のなかに常に同じ量の運動を保存している」とあることです．不活性な物質より成る世界に運動が満ちているのは，最初に神様が一撃を与えたからだというのです．世界は無性質で不活性な幾何学的物質で出来ていると言っておきながら，神様だけはどこかに住まわせていたのです．いまだそういう時代であったと考えるしかないでしょう.

このようにデカルトは運動法則を語っていますが，そもそもの問題はそれが観念の世界の話で，それを現実の運動で検証するという姿勢がまったく欠けていることにあります.「デカルトがあの運動法則を想像したことは許せる．許せないのは運動の法則が自分の想像どおりかどうか，実験的にたしかめなかったことである」と批判したのは，ほぼ1世紀後のフランスの哲学者ドニ・ディドロです（『デ

ィドロ著作集 第2巻』「エルヴェシウス『人間論』の反駁」より，小場瀬卓三・平岡昇監修，法政大学出版局）．

ともあれ機械論では，物体の他の物体にたいする作用は，衝突のような直接的接触，つまり「圧」に限られることになります．この点では機械論とアリストテレス哲学は一致しているのです．当然，物体が遠隔的に他に働きかけたり，あるいは逆に接触している物体による駆動なしに物体が自発的に動き出したりすることはあり得ないことになり，したがって重力が天体に備わっているなどという主張は否定されます．地球は重量物体を引き寄せる力を有しているとか，磁石は鉄を引きつける性質を持つ，などという説明や理解は，物体が「隠れた性質」を有するとすることであり，認められないというのが，このように近代初頭の機械論の立場なのです．「哲学者のなかには，《わたしには分からない》という本音を隠すために，共感，反感，隠れた性質，影響力，その他の用語を使う人がいます」と言ったのは，1623年のガリレイでした（『偽金鑑識官』）．

デカルトの『哲学原理』には，地上の物体に見られる重力つまり「重さ」について，「私はかような重さは物体それ自体の中にはまったくなく，ただ，他の物体の位置と運動とに依存している物体がその他の物体に関係させられる限りでのみあると言われるにすぎないと考える」と語られています（第4部202）．

デカルトによれば，世界に真空はなく，天は「天の物質」で充満しているのであり，太陽のまわりにはその天の物質の巨大な渦があり，その渦の回転によって諸惑星は運ばれていると説明されています．同様に，地球のまわりにもその天の物質の渦があり，その渦の回転によって月が地球のまわりを回転しているとされます．

そしてこの地球のまわりの渦の回転により，地球の重力が説明されています．

実際デカルトの『宇宙論』には，その機械論的な重力の成因が書かれています．先の「運動の第二法則」の後半部分を念頭において読んでください：

> 〔地球の〕重力とはもっぱら，地球をとりまく小さな天〔の物質〕の諸部分が，地球〔の物質〕の諸部分よりずっと速く地球の中心のまわりを回っているために，そこ〔地球の中心〕から遠ざかろうとする力もずっと強く，それゆえ地球〔の物質〕の諸部分をそちら〔地球の中心〕へ押しやることにあるのであって，それ以外のものではない．（『宇宙論』第11章）

しかしこの説明は完全な作り話つまり空想で，なんの根拠も示されていません．そしてよくよく考えると，かなり奇妙です．たとえば地球の重力についてのこの説明では，まわりの渦は当然回転軸に直交する平面内を周回していることになりますが，とすればこの重力は回転軸に直交する平面内にあって，その軸方向を向いているわけで，回転軸が北極と南極を貫いているとすれば，この重力は赤道面上では確かに鉛直で地球中心を向いていますが，緯度が上がるとともに鉛直線から傾いてゆき，極近くでは水平になってしまいます．そういう単純であからさまな不都合に，デカルト先生は気づかなかったのでしょうか．

デカルトは磁力にたいしても，磁石には北極と南極があるのですが，一方の極から流れ出した流体（磁気流体）が物体の内部の穴を通って他方の極に流入するというモデルで説明していますが，単なる空想で，やはり相当に無理があります．

夏目漱石の『吾輩は猫である』に「デカルトは〈余は思考す，故に余は存在す〉という三つ子にでも分るような真理を考え出すのに十何年か懸ったそうだ」と皮肉られています[19]．デカルトはいろいろ勿体をつけて語っていますが，実際のところ，哲学への寄与はともかく，物理学としての天文学への寄与はほとんどありません．

17　ロバート・フック

結局，遠隔力としての重力（万有引力）を導入しなければ，ケプラーが語った物理学としての天文学を完成させることはできなかったのです．スコラ哲学を超えて新しい学問を創り出すと期待されていた大陸の機械論的自然観は，新しい物理学を創り出せなかったのです．

力概念のともなわない力学を「運動学（kinematics）」

19）『夏目漱石全集 1　吾輩は猫である』ちくま文庫，p. 289.

と言い，それとの対比で，力概念をともなった力学を「動力学（dynamics）」と言います．ガリレイは運動学の基礎を作ったのですが，コペルニクスの太陽中心理論がもたらした本当の問題は，力の概念ぬきには解決できなかったのであり，動力学に立ち入らないかぎり新しい物理学はできなかったのです．

その動力学はその後，イギリスで形成されました．その中心的なアクターが，ロバート・フック（1635–1703）とアイザック・ニュートン（1642–1727）の二人です．

物理を学んだ人は「フックの法則」というのを聞いていると思います．フックの論文『ばねないし復元力』には「ばねの力はその伸びに比例している」とはっきり書かれています．そんなこと，誰でもすぐ思いつくじゃないか．バネ秤に1グラムの錘を吊るせば1 cm伸び，2グラムの錘で2 cm伸びて，3グラムの錘で3 cm伸びれば，伸びと力の比例関係はすぐ出てくるじゃないかと思うかもしれません．しかしこの時代，17世紀という時代に力を定量的に捉えその強さを数学的関数として表したということ自体が画期的なことなのです．

オクスフォードに学び，職人や商人に数学と科学を教えるロンドンのグレシャム・カレッジ[20)]の幾何学の教授を

20）イギリスの大商人で王立取引所を設立したトマス・グレシャムが，貴族趣味的なオクスフォードやケンブリッジと異なり，商人や職人の教育に役立てる目的で提唱し，死後に設立されたカレッジ．グレシャムは「悪貨は良貨を駆逐する」という法則を唱えたことで

していたフックは，多才で有能な人でした．よく知られている「温度が一定の気体の圧力と体積は反比例する」すなわち「(圧力)×(体積)＝一定」という気体の法則を思い出してください．これは通常「ボイルの法則」と言われていますが，現在では実験を主導したのはフックだと考えられています．その研究は，巧妙な装置で大気圧以上と大気圧以下の状態をそれぞれ作り出し，そのときの圧力と体積を精密に測定し，結果を数学的に表現する，という意味で現代の物理学の研究方法を確実に先取りしています．ところで，それではボイルは何をしたか．ボイルは発表したんです．一番おいしいところを持っていったわけです．

フックより8歳年長のロバート・ボイル（1627-1691）は大金持ちの伯爵の息子で，フックというきわめて有能な実験助手を雇うことができたのです．フックがボイルの下を去った後には，ボイルはほとんど実験をしていませんから，ボイルがしたと伝えられる実験の大半はフックがしたか，フックが協力したものだと見られています．ボイルがやったいろんな真空の実験がありますが，そのための真空ポンプを作ったのはフックでしょう．フックがいなければ，ボイルはとてもあれを作れなかったと思います．

フックは1662年に創立された王立協会という，ロンドンの科学者の集まりの実験主任をしていました．毎週，会員の前でいろんな実験をデモンストレーションするのが仕

知られています．

事です．フックは物理的直観力に秀でた人でしたが，天才的に実験の才能もあったようです．

フックの仕事で有名なのは，顕微鏡により微細な生き物や事物を観察し，その記録を公表したことです．1665年の『ミクログラフィア（*Micrographia*）』という本に書かれています．顕微鏡を発明したのはフックではありませんが，それを使ってノミやシラミやその他さまざまな物を調べ，それを自分で絵に描いて公表したのです．ガリレイによるお月さんの絵と同様に，人々はフックのノミに驚嘆しました．ちっぽけなゴミみたいに思っていたノミがこんな複雑な構造を持っている生物であるなんて，それまで誰も思わなかったんでしょうね．絵の才能もあったようです．今でもフックの描いたノミの絵は生物の教科書に出てきます．顕微鏡を使って植物の「細胞」を発見し，それに‘cell’と名付けたのはフックです．

そのほかに，1666年にロンドンを焦土と化した大火災のあとの復興の都市計画を立案したのは，フックとイギリスの建築家クリストファー・レンの二人と言われています．じつに多才な人物だったようです．

さて，惑星の運動です．

その頃すでに慣性の法則はわかっていました．アリストテレスが物体は力が働かなければ動かないと言ったのにたいし，いったん動き出した物体は，外から力が働かなければその運動状態を持続する，つまり等速度運動を続けるというのが慣性の法則です．それはデカルトや何人かの人が言い出していました．先にあげたデカルトの「自然の第一・第二法則」です．運動状態を持続するつまり運動の変化に抗する物体のこの性質を「慣性（inertia）」と言います．

フックの『ミクログラフィア』には，「人知によって考案された車輪や発動機やばねによって作動する技術の産物を見るのと同様に，私たちは自然内部の働きを知ることができると思われる」とあり，そのかぎりでフックは機械論的自然観の信奉者と考えられます．しかしフックは，大陸の機械論者と異なり，力——遠隔力——の存在を認めていたのです．

太陽が惑星に力を及ぼしているということはギルバートやケプラーが初めに言い出したことです．それを太陽からの引力と考え，そのことと慣性の法則を併用することによって，惑星の運動が説明できるのではないか，つまり，惑星はその慣性で軌道の接線方向に進んでゆくが，同時に太陽から引っ張られて太陽の方向に運動を曲げられ，その二つの運動の合成として，太陽を中心とする曲線軌道を描くのではないか，こういうふうな考え方を初めてしたのは実はフックなんです．すでに見たように，ガリレイは，地上物体の運動において水平方向の等速度運動と鉛直下方の加速度運動を独立に考え，その重ね合わせで放物体の運動を考えたのですが，フックは，そのガリレイの議論を一般化したのです．

しかしフックは，ガリレイと異なり，遠隔力の存在を当然視し，運動の変化の原因として力を考えたのです．大陸と異なり，イギリスではギルバートの影響もあり，天体間に働く引力にたいして，反発は少なかったようです．

フックは1674年の『観測によって地球の運動を証明する試み』で語っています．きわめて重要なところですが，あまり知られていないので，ちょっと長いけれども引用しておきます：

> 第一には，すべての天体はそれ自身の中心にむかう引力ないし重力を有している．その力は，地球上で見られるようにそれ自身の部分を飛び散らないように引き寄せているだけではなく，その作用圏にあるすべての天体を実際に引き寄せる．そしてその結果として，太陽や月が地球の物体や運動に影響を及ぼし，地球がそれらに影響を及ぼすだけではなく，水星や金星や火星や土星もまたその引力によって，地球の引力がそれらの運動のそれぞれにそれなりの影響を与えるのと同様に，それ相応の影響を地球に及ぼしている．
>
> 第二の仮定は，直線的で単純な運動を与えられたすべての物体は，何らかの他の有効な力で曲げられ円や楕円やあるいは他のなんらかのもっと込み入った曲線を描く運動に逸らされないかぎり，直線上を動きつづけるということである．
>
> 第三の仮定は，このような引力は，〔引き寄せられる〕物体がその〔力の〕中心に近いほど強く働くこと

である．その変化の度合いがどのくらいであるかは私はまだ実験によって確かめていない．しかし力が〔距離とともに〕ある割合で変化するという考え方は，しかるべく完遂されたとしたならば天文学者が天体のすべての運動をたしかな規則に還元するのに大いに役立つであろう．（『磁力と重力の発見』p. 850f.）

そしてフックはケプラーの発見した楕円を，考えられる天体の運動として，円と同列に認めています．この点でも，ガリレイを超えています．

それだけではありません．上記の引用では，力の「〔距離〕変化の度合い」はいまだ未確認と言っていますが，しかしフックは，1680年1月のニュートンへの手紙では，「私の仮定は，引力はつねに中心からの距離の2乗に反比例しているというものです」と，はっきり語っています．フックがこの結論に実際にどのようにして到達したのかはわかりませんが，次のように想像してみることができるでしょう．

ケプラーは，太陽が各惑星に及ぼす力Fが太陽からの距離rに反比例していると考えた，と先に述べました．ケプラーの発想は，今風に整理して表現すると，太陽から流れ出る一定量の影響力が2次元の軌道平面上に一様に広がる，つまりそのため太陽から距離rの地点でのその強さを$F(r)$として，それが長さ$2\pi r$の円周上に一様に広がるゆえ，$2\pi r \times F(r) = \text{const.}$，すなわち$F(r) \propto 1/r$

というものです．フックは，この議論を3次元に拡張し，太陽からの影響力が四方八方に立体的に広がり，つまり面積 $4\pi r^2$ の球面上に一様に広がり，$4\pi r^2 \times F(r) = \text{const.}$，すなわち

$$F(r) \propto \frac{1}{r^2} \qquad (3)$$

としたのではないかと，想像されます．もちろんそれは僕の想像ですが，相当に蓋然性があると思います．

18 アイザック・ニュートン

さて，ここでニュートンが登場します（図11-22）．このフックのニュートンへの手紙の7年後，1687年に，ニュートンの有名な『自然哲学の諸原理』通称『プリンキピア』が出版されます[21]．イギリスで王制を廃止し議会主権体制の第一歩を築いた名誉革命の前年です．そこでニュートンのやっていることは，力学の原理をきちんと定式化し，それをもとにガチガチの数学を使ってケプラーの法則から，式(3)で表される距離の2乗に反比例して減少する

21） この本の邦訳は，中央公論社の『世界の名著26』に収められています．以下，引用は同訳書から．訳者は川辺六男氏で，翻訳はラテン語の原典からです．じつは川辺氏がこの翻訳をやっておられたとき，私は京都大学の基礎物理学研究所で川辺氏と同じ部屋に机を並べていました．ラテン語からの翻訳をしておられるのを横で見て，物理学者にこのような方がおられるのかと，強い印象を受けたことを覚えています．精密に訳されているのですが，活字が縦組みのため，ただでさえ読みづらい幾何学的記述が輪をかけて読みづらくなっているのは，残念です．

図 11-22　アイザック・ニュートン

遠隔力としての重力，重量を持つ万物に備わった力という意味での「万有引力」を導き出したことです．

その初版の序文に「理論力学は，どのような力にせよそれから生ずる運動の学問，またどのような運動にせよそれを生じるのに必要な力の学問で，それを精確に提示し証明するものである」とあり，力学の目標が，力から運動を説明すること，そして運動から働いている力を推定することと，双方向に設定されています．眼目は力概念にあったのです．

『プリンキピア』の「公理，または運動の法則」には

法則Ⅰ　すべての物体は，その静止の状態を，あるいは直線上の一様な運動の状態を，外力によってその状態を変えられないかぎり，そのまま続ける．

法則Ⅱ　運動の変化は，及ぼされる起動力に比例し，その力が及ぼされる直線の方向におこなわれる．

法則Ⅲ　作用にたいして反作用は常に逆向きで相等しいこと．あるいは2物体の相互の作用は常に相等しく逆向きであること．

系Ⅰ　物体は合力によって，個々の力を辺とする平行四辺形の対角線を同じ時間内に描くこと．

とあります．法則Ⅰは「慣性の法則」で，$\boldsymbol{r}$ の位置で $\boldsymbol{v}$ の速度を持つ物体は，微小時間 Δt に $\Delta \boldsymbol{r}_1 = \boldsymbol{v}\Delta t$ 変位することを言っています．法則Ⅱは，力 $\boldsymbol{F}$ が加わったならば，微小時間 Δt に運動量 $m\boldsymbol{v}$ が $\boldsymbol{F}\Delta t$ だけ変化すること，つまり $\Delta(m\boldsymbol{v}) = \boldsymbol{F}\Delta t$ を言っています．そのことは，加速度が $\boldsymbol{a} = \Delta\boldsymbol{v}/\Delta t = \boldsymbol{F}/m$，したがってその力による変位をガリレイの落下の法則と同様に考えれば，微小時間 Δt の変位が $\Delta\boldsymbol{r}_2 = (\boldsymbol{F}/2m)(\Delta t)^2$ であると言うことができます．あるいは，Δt 間に速度が0から $\Delta\boldsymbol{v} = (\boldsymbol{F}/m)\Delta t$ まで増加したのだから，その間の平均速度は $\Delta\boldsymbol{v}/2$，これで Δt 動いた変位は $\Delta\boldsymbol{r}_2 = (\Delta\boldsymbol{v}/2)\Delta t = (\boldsymbol{F}/2m)(\Delta t)^2$ と考えてもよいでしょう．

なお，ニュートンは「慣性」を「慣性の力」と表現し物体に内在する力と考えているので，系Ⅰで「合力」と言っている意味は，法則Ⅰの内力としての「慣性の力」による変位と，法則Ⅱの外力としての「起動力」による変位の重ね合わせのことです．つまりこのとき，その微小時間の全変位は，この系Ⅰにより

$$\Delta \boldsymbol{r} = \Delta \boldsymbol{r}_1 + \Delta \boldsymbol{r}_2 = \boldsymbol{v}\Delta t + \frac{\boldsymbol{F}}{2m}(\Delta t)^2 \tag{4}$$

と表されます．

この三法則は，ときに「ニュートンの三法則」と語られていますが，しかしこれらの原理は，すべてニュートンによって見出されたというわけではありません．そのそれぞれは何人もの先行者が断片的に語っていたことであり，それらをニュートンが数学的に厳密に表現しまとめあげたということです．曲線にそった変位を慣性運動 $\Delta \boldsymbol{r}_1$ と力 $\boldsymbol{F}$ による変位 $\Delta \boldsymbol{r}_2$ の重ね合わせと見る見方をニュートンに教示したのはフックであり，その見方をニュートンはフックから得たと考えられています．

なお，ニュートンは微積分法の発明者と言われていますが，『プリンキピア』では微積分を使わず，もっぱら微小変位（微分小変位）の関係として語っています．

解析学を使うならば，法則Ⅱは加速度を $\boldsymbol{a}$ として $m\boldsymbol{a} = \boldsymbol{F}$，あるいは微分法を用いて $md^2\boldsymbol{r}/dt^2 = \boldsymbol{F}$ の微分方程式の形に表され，これが今日「ニュートンの運動方程式」と言われているものです[22]．その場合には，その微

22） ニュートン自身は，著書のどこにも「ニュートンの運動方程式」を書いてはいません．

分方程式の特別な場合として力 $\boldsymbol{F}=0$ の状態を考えれば「法則 I 」が導かれますから，慣性の法則を分けて書く必要はありません．ニュートンが「法則 I 」を「法則 II 」と分けて書いたのは，微分方程式を用いずに書いたからに他ならず，したがって現在の力学の教科書の多くが，運動方程式を「第二法則」として微分方程式で書きながら，「慣性の法則」を「第一法則」として「第二法則」と分けて書いていますが，あれは無意味です．

ニュートンがやったことの基軸は，これらの原理を用いて，ケプラーの 3 法則から万有引力の関数形(3)を導いたことです．一般の楕円軌道の場合のその現実の過程は，込み入った円錐曲線論の諸定理を用い，極限概念を巧妙に使った，ニュートンならではの力業ですが，あまりにも複雑であり，ここでは触れません[23]．

ここでは，その議論の過程をもっと簡単な円軌道の場合

---

23) ニュートンのおこなった円錐曲線の諸定理と極限操作を巧妙に用いた方法は，本書の「ニュートンと天体力学」および拙著『古典力学の形成　ニュートンからラグランジュへ』（日本評論社 1997）第 1 部 2 に，解析学と極座標を用いたものは，拙著『重力と力学的世界　上』（ちくま学芸文庫 2021）pp. 114–120 に記しておいたので，関心があればそちらを参照していただきたい．

なお，ニュートンが万有引力論からケプラーの法則（楕円軌道と面積定理）を導いたように書いている書物もありますが，それは事実ではありません．ニュートンは，ケプラーの法則から万有引力を導いたのち，その逆，つまり万有引力のもとでの運動でケプラーの法則が成り立つであろうと推測しただけです．微分方程式を用いなければ，逆は導けません．

で記しておきます．つまりお月さんはなぜ落ちてこないのかという先に触れた問題を，現在の力学の知識も借りて，考えてみます．議論はずっと簡単になり，使われる数学も初等的ですが，しかし議論の本筋は，楕円軌道の場合と違いはありません．

月の成因については，地球がまだ柔らかかった頃にくびれができて，そのくびれがやがてちぎれてできたのが月だという説があります．だから月は地球の自転の方向に速度を持っていたので，地球のまわりを回り続けながら，次第に地球から遠ざかっていって，現在の距離になったと考えられています．現在でもきわめてわずかずつですが，月は地球から遠ざかっています．

いずれにせよ，月は軌道接線方向にある速度を持っています．

月にたいしてもケプラーの法則が成り立つと仮定し，簡単のため円軌道とします（図 11-23）．もちろん円は楕円の特別な場合ですから，地球を中心 O におけばケプラーの第一法則は満たされています．この場合，ケプラーの第二法則は，等速円運動を意味します．そこである瞬間に軌道上の点 A で接線方向に速度 $\boldsymbol{v}$ を持ち，地球からの引力によって中心方向に加速度 $\boldsymbol{a}$ を得たとします．そうすれば微小時間 Δt に地球中心方向に（ガリレイの規則にしたがって）$\boldsymbol{a}(\Delta t)^2/2 = \overrightarrow{\mathrm{AB}} = \Delta \boldsymbol{r}_2$ だけ「落下」し，同時に慣性によって接線方向に $\boldsymbol{v}\Delta t = \overrightarrow{\mathrm{AC}} = \Delta \boldsymbol{r}_1$ だけ離れた点 C に「通り過ぎ」，結果としてその二つのベクトルが合成

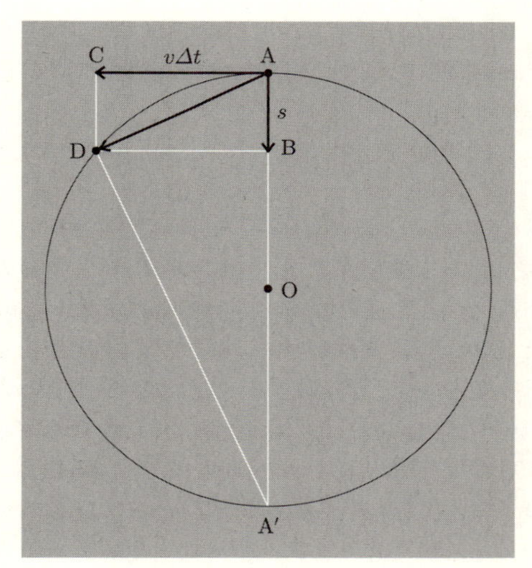

図 11-23　等速円運動

された先の点 D，すなわち $\boldsymbol{\Delta r} = \overrightarrow{\mathrm{AD}} = \overrightarrow{\mathrm{AB}} + \overrightarrow{\mathrm{AC}}$ で決まる点 D に達することになります．この場合の(4)式です．

さて，この運動が円軌道を描くためには，つまり点 D が円周上にあるためには，円の中心 O に関して A の反対側の点 A′ を円周上にとりますと，$\triangle\mathrm{ABD} \propto \triangle\mathrm{DBA'}$．すなわち $\overline{\mathrm{AB}}/\overline{\mathrm{BD}} = \overline{\mathrm{DB}}/\overline{\mathrm{BA'}}$ でなければなりません．ここで Δt を十分小さく取り，$|\boldsymbol{a}| = a$，$|\boldsymbol{v}| = v$ と記せば，その間の「落下距離」$\overline{\mathrm{AB}} = s = a(\Delta t)^2/2$ は 2 次の微小量ゆえ，軌道円の半径を r として，$\overline{\mathrm{BA'}} = 2r - s \approx 2r$ と

してよく，上記の三角形の辺の比例関係は $s=(v\Delta t)^2/2r$ となり，結局，回転角速度を $\omega=v/r$ として，加速度 a にたいする表式

$$a=\frac{v^2}{r}=r\omega^2 \tag{5}$$

が得られます．これが速さ $v=r\omega$ の等速円運動の場合の加速度（向心加速度）です．つまり，地球方向への「落下」加速度 a と軌道円の接線方向への速度 v がこの関係を満たしていれば，月はつねに地球方向に「落下」しながら軌道接線方向に「通り過ぎる」ことで，結果として半径 r の円運動を続けることになるわけです．なぜお月さんは地球に落ちてこないのかという問いにたいする回答です．

この結果を惑星軌道に置き換えてみます．その場合，軌道半径 r と公転周期 $T=2\pi r/v$ の間にケプラーの第三法則

$$\frac{r^3}{T^2}=\frac{K}{4\pi^2}\ (\text{惑星によらない定数}) \tag{6}$$

が成り立つので，惑星の質量を m として，運動方程式 $ma=F$ を使うと，力についての関数形

$$F=ma=m\frac{v^2}{r}=m\frac{4\pi^2 r}{T^2}=m\frac{K}{r^2}$$

が得られます．

ここで，惑星から見れば太陽の運動も同様に語ることができるので，太陽が惑星から受ける力は，太陽の質量を M として，$F'=MK'/r^2$ となるはずでしょう．この場

合，K' は太陽によらない定数です．ここで「法則Ⅲ」すなわち作用反作用の法則を考慮すれば $F = F'$ が成り立つゆえ，$mK = MK' = mMG$ とおくことができ，最終的に，太陽—惑星間の引力は

$$F = G\frac{mM}{r^2} \tag{7}$$

と書けることがわかります．ここの G は惑星にも太陽にもよらない定数です．

そしてニュートンは，この力が太陽と惑星のあいだだけに限られるものではなく，惑星同士のあいだにも，地球と地上の物体のあいだにも，つまり万物のあいだに働くとして，これを「万有引力」としました．

これで万事解決かと思いきや，ニュートンの導入した万有引力は，大陸のデカルト主義者たち，機械論的自然観の信奉者たちからは，スコラ学の「隠れた性質」への逆戻りではないかとさんざん叩かれ，魔術的自然観の言う「共感と反感」と同類ではないかと，厳しく批判されました．大陸の教条的機械論哲学の信奉者からすれば，力はその直接的な作用の伝達の仕組みが語られなければならないとされたのです[24]．

---

24) この点で，ニュートンの力学を機械論的自然観を代表するものであるかのように書いている書物もありますが，それはきわめて不適切です．欧米の書には，デカルトもニュートンもひっくるめて mechanical view of the nature と記してある書がいくつもありますが，私は以前，これを大陸のデカルトたち遠隔力を認めない立場にたいしては「機械論的自然観」，イギリスのニュートンたち遠

それにたいしてニュートンは，おのれの自然哲学[25]のプログラムを，「さまざまな運動の現象から自然界の力を研究すること，そしてその後にそれらの力から他の現象を説明すること」に限定しています．そして，「引力とか，衝撃とか，中心に向かわせる任意の種類の傾向とかいった言葉は，区別なくたがいに無差別に使い，それらの力は物理的にではなく数学的にだけ考えられなければならない」と語っています．力については数学的法則性だけを問題とし，それが現象をよく説明できれば力の存在は認められるのであり，それ以上，力の本質などは問わないという立場です．

たとえば地球上の物体にはたらく地球の重力を考えます．その物体，たとえば小石にくらべて地球ははるかに大きいから，その小石は地球の様々な部分から様々な方向に引かれるはずです．そのことにたいしてニュートンは，地球の各部分が引く力の総和（ベクトル和）は，地球の質量分布が球対称であれば，地球のすべての質量がその中心に集中した場合と同様であるということを，巧妙に証明しています（命題 73・定理 33，命題 74・定理 34）．とすれば地球（半径 R，質量 M）が地上，高度 h の質量 m

---

隔力を認める立場にたいしては「力学的自然観」と区別して記していました．この区別は今でも有効と考えています．

25）ニュートンの『プリンキピア』のフルタイトルは『自然哲学の諸原理』で，この「自然哲学」とは，現代の言葉では「物理学」です．

の物体に及ぼす引力は(7)より

$$F = G\frac{mM}{(R+h)^2}$$

で表されますが，しかし地球半径 $R=6400$ Km に比べれば，通常の地上物体の地表からの高度 h は微々たるもので無視してよく，結局

$$F = G\frac{mM}{R^2} = mg \tag{8}$$

と表すことができ，これが地表で質量 m の物体が鉛直方向に受ける重力だという主張であり，$g=GM/R^2$ が地表物体の落下加速度なのです．その測定値が $9.8\ \mathrm{m/s^2}$ であることは，もちろんよく知られています．

まったく同様に考えれば，地球中心から月までの距離を r とすれば，地球の引力により月が地球方向に「落下」する加速度は $a=GM/r^2$ で与えられることになります．

ところでコペルニクスの『天球回転論』4巻17章には，地球から月までの距離 r が地球半径の60倍と与えられています．とすれば $a=g/60^2$ となります．そして『プリンキピア』第3篇・命題19・問題3には，地球半径が $R=19615800$ パリ・フィート $=6.38\times10^6$ m とあります．それゆえ月までの距離は $r=60R=3.83\times10^8$ m．他方，月の地球回りの回転周期は $T=27.3$ 日 でよく知られているゆえ，その回転角速度は

$$\omega = \frac{2\pi}{T} = \frac{2\times3.14}{27.3\times24\times60\times60\ \mathrm{s}} = 2.66\times10^{-6}\ /\mathrm{s}$$

したがって，公式(5)より，月の地球方向への「落下」加速度は

$$
\begin{aligned}
a = r\omega^2 &= 3.83 \times 10^8 \times (2.66 \times 10^{-6})^2 \ \mathrm{m/s^2} \\
&= 2.71 \times 10^{-3} \ \mathrm{m/s^2}.
\end{aligned}
$$

これより $g = 60^2 a = 9.77 \,\mathrm{m/s^2}$ が得られ，これは地上での測定値にドンピシャで一致しています．万有引力理論の正しさを強く裏づけるのはこの事実なのです．

次に，これまで何度か触れた潮汐を考えます．

月からの引力で地球が月に向かって引かれるときの加速度は，地球中心から月までの距離を r，月の質量を m，月の方向を正として，$a_{\mathrm{T}} = Gm/r^2$．地球の表面の月に面した点 A と反対側の点 B で，海水が月の引力によって引かれる加速度は，地球半径を $R = r/60$ として，それぞれ

$$
a_{\mathrm{A}} = G\frac{m}{(r-R)^2} \approx G\frac{m}{r^2}\left(1+2\frac{R}{r}\right),
$$

$$
a_{\mathrm{B}} = G\frac{m}{(r+R)^2} \approx G\frac{m}{r^2}\left(1-2\frac{R}{r}\right).
$$

したがって，地球にたいする海水の相対加速度は

$$
a'_{\mathrm{A}} = a_{\mathrm{A}} - a_{\mathrm{T}} = +2G\frac{mR}{r^3},
$$

$$
a'_{\mathrm{B}} = a_{\mathrm{B}} - a_{\mathrm{T}} = -2G\frac{mR}{r^3}.
$$

つまり A 点でも B 点でもともに上向きであって，大きさは $a' = 2GmR/r^3$．ここで運動方程式 $m\boldsymbol{a} = \boldsymbol{F}$ を，加速度 $\boldsymbol{a}$ が観測されたときに力 $\boldsymbol{F}$ を推定する式だと見れ

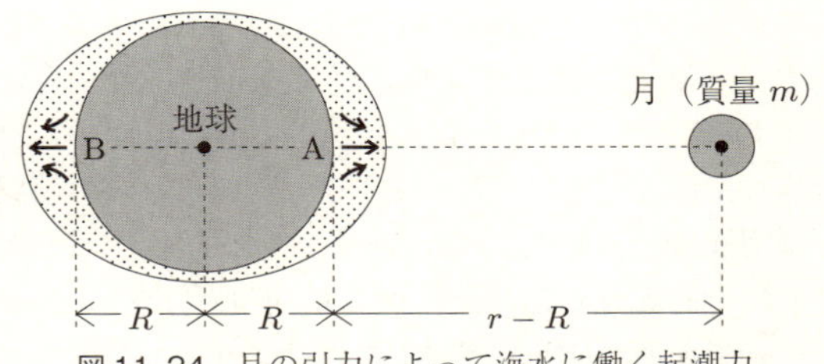

図11-24　月の引力によって海水に働く起潮力

ば，このことは，A 点と B 点では地球から見て単位質量あたり大きさ $a' = 2GmR/r^3$ の力が海水に働くことを意味しています．ここでは月と地球中心を貫く直線上だけを見ましたが，すこし外れた点でも斜め方向に同様の力が働くことが言えます．これが月による「起潮力」に他なりません（図 11-24）．こうして A および B の方向に海水が流れ込み A および B が満ち潮になると，海水の全量は一定ゆえ，それと直角な方向は引き潮になります．

太陽からの影響もまったく同様に考えられます．それゆえ

$$\frac{(\text{太陽の起潮力})}{(\text{月の起潮力})} = \frac{(\text{太陽質量})}{(\text{月の質量})} \times \frac{(\text{月}-\text{地球間の距離})^3}{(\text{太陽}-\text{地球間の距離})^3}.$$

現在わかっている数値，太陽の質量を 1 としたときの月の質量 3.7×10^{-8}，太陽—地球間 1.5×10^8 km，月—地球間 3.8×10^5 km を代入すると，(太陽の起潮力)/(月の起潮力) ≈ 0.4 となります．質量に比例し距離の 2 乗に反比例する太陽からの引力は，距離は遠いけれども質量が圧

倒的に大きいので，月からの引力を大きく上回っているのですが，起潮力は距離の3乗に反比例するので，太陽からのものは月からのものより小さくなるのです．しかしほぼ同程度（セイム・オーダー）ゆえ，地球・月・太陽が一直線にならぶ朔望つまり満月や新月のとき，その効果が重ね合わさって大潮になり，太陽と月が地球から見て90度の角度の弦月のとき，一定量の海水を別方向に引き寄せようとするので，結果的に打ち消しあうわけです．ニュートンが残したメモのなかにつぎの書きつけがあります：

> 地球と海の月に最も近い部分は，月からより多くの重力を受け，そのため海の月下の部分は月に向かって盛り上がり，また月の反対側の部分は〔月からの〕重力が足りないがために盛り上がり，この両部分での〔海水の〕盛り上がりによって12時間ごとの満潮が生じる．同様のことは太陽についても生じ，朔望の際には太陽による潮と月による潮が相ともなって大潮となる．（拙著『重力と力学的世界　上』ちくま学芸文庫より）

そして，ニュートンの友人の天文学者エドモンド・ハリー（1656-1742）は，1682年に現れた——のちに「ハリー彗星」と呼ばれることになる——彗星の軌道が離心率の大きい楕円軌道であり，その彗星はそれまで1531年，1607年に現れた彗星と同じもので，1758年に戻ってくると予言したのですが，実際，その予言どおり58年のクリスマスに観測されることになりました．

これらの事実こそが，遠隔力としての万有引力の存在とその正しさを保証しているのです．すなわち，観測事実としてのケプラーの法則から距離 r 離れた質量が m_1 と m_2 の物体間に公式 $F=Gm_1m_2/r^2$ で表される力が働くことが数学的に導かれ，そのうえで力についてのそのひとつの公式から，地上物体の落下や地球の周りの月の運動，さらには潮汐現象や彗星の運動が正しく計算され予測されれば，そしてその計算や予測が観測によって検証されたならば，それでもってその力を万有引力と認めることの正しさは証明されるのであり，それ以上に「万有引力の本質は何か」「万有引力はどのように空間を伝播するのか」等の問題に頭を悩ますには及ばない，というのがニュートンの立場なのです（ニュートンの本心はもっと宗教的で神秘的なところがありますが，その点はここでは触れません）．

結局，力学原理として現在「ニュートンの運動方程式」と言われている $m\boldsymbol{a}=\boldsymbol{F}$ は，論理的には，観測された運動すなわち測定された加速度 $\boldsymbol{a}$ から力 $\boldsymbol{F}$ を導く，その意味では力の定義式と見ることができるわけですが，しかしそれと同時に，与えられた力 $\boldsymbol{F}$ から運動を導き出す因果方程式と見ることもできるわけで，どちらか一方に割り切ることが不可能なのです．経験科学としての物理学が数学と決定的に異なる点です．ニュートンは，力学原理のその両義性を巧妙に使うことによって，力の本質はなんであるのか，重力は力はどのように遠隔的に作用するのかという，力についての存在論を回避したのです．ガリレイが運動学についておこなった数学的現象主義の立場を，ニュートンは動力学にまで押し広げたのです．

こうして，コペルニクスの太陽中心理論が引き起こした問題は，遠隔力の概念を導入したケプラーが天文学を物理学の土俵に乗せたことで解決の方向性が与えられ，フックとニュートンによってひとまずの回答を与えられたのです．物理学の誕生です．そしてまた，コペルニクスに始まる学問世界の下克上も，ここでひとまず完結しました．さらなる発展は，19 世紀の場の理論に持ち越されます．

* * *

以上でこの物語は終わりを迎えますが，最後に，フックとニュートンのトラブルにまつわるエピソードを語っておきます．

万有引力が距離の 2 乗に反比例することに思い至ったフックが，そのことをニュートンに手紙で知らせたことは，すでに述べました．その後，ニュートンが万有引力論の書物を出す，つまり『プリンキピア』を出版すると聞いて，フックはその書に以前のニュートン宛の自身の手紙のことに触れるようにとニュートンに要請したのですが，ニュートンは拒否しました．『プリンキピア』の訳者・河辺六男は，その解説で「〔ニュートンの〕フックとの論争は真剣勝負であった」と書いています．ニュートンは，フックが自身の業績を奪いかねない強敵であることを見抜いていたのです．その論争において「フックを圧倒し完勝しようという欲望がニュートンを駆り立てた．この意味で『プリンキピア』を書かせたのはフックだった」と島尾永康の書にあります．

ニュートンは1686年にハリーへの手紙に書いています：

> 私は重力の発見にたいしては，楕円にたいしてと同じだけの権利を有しています．と言いますのも，フックはその〔重力の減少の〕割合が中心からの非常に遠くでは距離の2乗に近いということ以上を知らず，そのことを単に推測したに過ぎず，それはケプラーが軌道形を円ではなく卵形であることを知り，それが楕円であることを推測したのと同じです．……それゆえ私は，楕円にたいしてと同じだけのことを重力の減少の割合にたいして成し遂げたのであり，フックにたいして，またケプラーにたいしても，より以上の権利を有していると主張します．（拙著『重力と力学的世界』第3章Ⅱより）

楕円軌道についてケプラーは推測しただけであり，万有引力の公式についても，フックはただ言っただけだが，自分はどちらも数学的に厳密に証明したのであり，したがって楕円軌道と万有引力の真の発見者は自分であるというわけです．ケプラーが楕円軌道に到達するのにどれほどの苦労をしたのか，あるいは惑星運動の解析にフックの示唆がどれほど役に立ったのか，まったく考慮していません．こうして傲慢なニュートンはフックの教示を完全に無視したのです．

フックは王立協会の実験主任を務めていました．フックは，数学的能力においてはニュートンに劣っていたかもしれませんが，物理的直観力においてはニュートンに優に拮抗していたのです．王立協会というのはロンドンにあった学者の集まりです．重力の逆2乗則発見のプライオリティーをめぐってフックとニュートンは喧嘩していたので，フックが生きているときはニュートンは王立協会に近づきませんでした．1703年にフックが死んだのちに王立協会に乗り込んでその会長に収まったのはニュートンで，そのニュートンが真っ先にやった仕事はフックの肖像を全部焼き捨てることだったそうです．真偽のほどは知りませんが，実際にフックの肖像は残されていません．

ニュートンは学問的には，数学や物理学で大きな功績を残していますが，人間的には傲慢で，相当に気難しくて付き合い難い人物であったようです．

少し振り返ってみましょう．

ケプラーの法則が初めての近代物理学の法則です．どういう意味か．精密な観測に裏づけられ，かつ厳密な数学用語で表されたという意味でこれは近代物理学の法則です．結局，物理学というのはそういう法則を見いだして，理論的に統合していくことで進んでいくことになります.

物理学の誕生ということでお話ししてきましたが，ここらで終えたいと思います．長時間，お疲れさまでした.

あとがき

私は1980年の頃から，予備校で物理学を教えるかたわら，物理学史・物理学思想史のようなものに首を突っ込んできました．私にとってそれは基本的には物理学そのものへの関心にもとづくものでもあり，そしてまた近代科学批判のひとつでもありました．

そんなわけで，『重力と力学的世界』（1981現代数学社，現 ちくま学芸文庫），『熱学思想の史的展開』（1987現代数学社，現 ちくま学芸文庫），『古典力学の形成』（1997日本評論社）と書き続け，それをふまえて量子力学に取り組むために，ボーアからはじめ『ニールス・ボーア論文集』の邦訳を岩波文庫で出して頂きました．1999年と2000年のことです．量子力学については，歴史というよりは原理により強い関心を持っていました．

しかしその頃，そもそも科学史の基本問題は何であるのかということに思いを巡らせ，なぜ西欧に近代物理学・近代自然科学が誕生したのかという問題に思い到り，その問いこそが基本問題であると考え，当時考えていたすべてのことをなげうって，この問題に集中することにしました．そうして生まれたのが

『磁力と重力の発見』全3冊　みすず書房　2003,
『一六世紀文化革命』全2冊　みすず書房　2007,
『世界の見方の転換』全3冊　みすず書房　2014,
『小数と対数の発見』全1冊　日本評論社　2018

です.『磁力と重力の発見』から『世界の見方の転換』までは，すべて書き下ろしです．これでもってこの問題にたいする私なりの回答を出すことができたと思っています．基本は自然魔術の影響，そしてまた蔑まれてきた職人たちによる手仕事の重視が，近代科学の出現に大きく影響したことにあります．基本問題に行き当たってから私なりに回答を出すまでにほぼ20年を要したことになります．

実際には，すでに2011年3月に東京電力福島第一原子力発電所の原発事故に遭遇し，原発の問題に取り組まずして科学史も物理学史も意味がないのではという思いに囚われ，問題関心の中心は，そちらに移っていました．

それだけではなく，『世界の見方の転換』が出版された半年後の2014年の秋からは，「山﨑博昭プロジェクト」の仕事で忙殺されていました．

ベトナム戦争の最中，1967年10月8日，当時の佐藤首相の，事実上米国政府の傀儡政権であった南ベトナム政府への公式訪問にたいして，抗議し阻止しようとした羽田デモで京大生・山﨑博昭君が死亡する事件がありました．その後，70年代初頭にかけての日本の反戦闘争・反安保闘争拡大の始点になる事件でした．

山﨑君は大阪府立大手前高校の出身で，「10.8 山﨑博昭プロジェクト」は，同校の出身者を中心に，その事件の真相究明および記念誌の発行と記念碑の建立を目的とした運動で，2014 年に始まっていました．私も同校の出身で，山﨑君と同期の諸君から乞われて，その年の秋から関わってきました．

真相究明については，残されている資料をもとに，山﨑君の死が機動隊による虐殺であることはまず間違いがないと立証されたと考えられます．それは『かつて 10.8 羽田闘争があった』の『寄稿篇』『記録資料篇』（合同フォレスト）の二冊に収録されています．

そして同プロジェクトは，2016 年 6 月に東京上野で，さらに同年 10 月に京都精華大学で，「ベトナム反戦闘争とその時代」展を開催し，それを踏まえて，事件後 50 周年の 2017 年夏に，ベトナム南部ホーチミン市（旧サイゴン）の戦争証跡博物館で，2 カ月半にわたり「The Peace Movement in Japan Supporting Viet Nam during Wartime」を開催し，さらに山﨑君の遺影を常設展示にしてもらうことができました．日本語の「ベトナム反戦闘争」を Anti-Vietnam War Struggle と直訳すると，「ベトナムの人たちのやっている戦争に反対する」という意味になり，このような標題になりました．

私は，その間この展示会の準備に没頭していたのですが，そのためその年，3 度にわたってベトナムを訪れました．それは，私にとってはじめての外国旅行であり，そしておそらく最後の外国旅行になるでしょう.

『小数と対数の発見』は，その多忙の間をぬって，年2回発行の雑誌『数学文化』に連載されたものです．そういうことが出来たのは，じつは『世界の見方の転換』の執筆過程で書き込んでいたのですが，あまりにも膨大になったため削除したテーマだったからです．こうして『小数と対数の発見』が出版されたのが2018年7月30日，その3日後にくも膜下出血に襲われ40日間の入院生活を強いられることになりました．前年までの多忙が影響したのかと思っています．長期の入院で回復したものの，肺炎を併発していたこともあって医師からは一時かなり危なかったと言われ，そのうえ，手術ができなかったので再発の恐れもあると告げられ，時間がいくらでもあるわけではないことを思い知らされました.

そんなわけで退院後，ある程度体が元に戻った段階で，以前から考えていた量子力学の問題にとりくみ，2022年にみすず書房から『ボーアとアインシュタインに量子を読む』を出して頂きました．80歳になっていました.

じつは80を過ぎて，「なぜ近代物理学は西欧に生まれたのか」という問題をあらためて考え，それにたいする私自身の回答を第三者的な眼で読み直してみました．自分としては納得のゆくものではありましたが，いかんせん厖大に過ぎ，これではなかなか人に読んでもらえないだろう，というのが正直な思いでした.

というわけで，とくに若い人向けのダイジェスト版のようなものがどうしても必要だと思われました．

それとはまったく別に，私の母校である大阪府立大手前高校で数学を教えておられた黒田真樹氏から，同校が大阪府のSSH（Super Science High-school）に指定されていて，高校生向けに講演をしてもらいたいとかねがね依頼されていたので，ベトナムでの展示会の仕事が一応終わった段階でお受けして，2017年11月11日，「物理学の誕生と発展」の題で3時間の講演をさせてもらいました．

その後，黒田氏から講演を起こした原稿が届けられ，なんとか形のあるものにして残してもらいたいと，要望されていたのです．そのことはずーっと頭に引っかかっていたのですが，大病を患ったこと，そしてその後にどうしても先に取り組みたいことがあったので，黒田氏には本当に申し訳なかったのですが，後回しになっていました．

そして今年，2024年の5月，原発にかんして『核燃料サイクルという迷宮――核ナショナリズムのもたらしたもの』をみすず書房から出して頂いて，原発（核発電）についてつねづね考えていたことを活字にすることができたので，懸案の大手前高校での講演の問題に取り組むことになりました．起こして頂いたものをあらためて読み直したのですが，正直なところ講演では，特に後半は相当に疲れていたこともあり，言葉不足のところやまとまりを欠いているところも目につき，相当に書き足し書き直さなければならないと思われ，思案していたのです．

そしていっそのこと，以前から考えていた「なぜ近代科学は西欧において生まれたのか」という基本問題にたいする私の回答のダイジェスト版，つまり『磁力と重力の発見』から『小数と対数の発見』にいたるまでの全9冊にたいする高校生向けの要約版にしてよいのではないかと思い至り，「物理学の誕生」として，講演の基本は残したうえで書き足し書き直しました．そうして『重力と力学的世界』や『熱学思想の史的展開』さらには江沢洋さんや中村孔一さんとの共著『演習詳解 力学』等でお世話になったちくま学芸文庫の渡辺英明氏に相談した次第です．

そのうえこれまで関連して語ってきたことや，あるいは書いてきたことも，活字になって残っているものが何点かあったので，いっそのことそれらも併せて出版してもらうことになりました．齢80も過ぎれば，このようなことも許されるかと思っております．なお，たとえば「16世紀文化革命」のような，テーマによっては重複するものも何点かありますが，重複は重要性の顕われでもあるので，あえて収録することにしました．これまでに書いたもの，語ったものは，ところどころ加筆や訂正を施しましたが，本質的な訂正はほとんどありません．

こうして「山本義隆自選論集」として，ちくま学芸文庫で出版して頂くことになりました．分量からして2巻になり，「I　物理学の誕生」はアリストテレスからニュートンまで，「II　物理学の発展」はその後，ラグランジュ，オイラーから，むしろ歴史をはなれて量子力学，特殊相対性理論までをカバーすることになりました．

さしあたって今回は「I　物理学の誕生」をお届けします．メインは，2017年に大手前高校で行なった講演「物理学の誕生」を下敷きにして加筆したものです．

「II　物理学の発展」は，以下の内容を予定しています．

1. Eulerの力学
2. 『解析力学』出版200年によせて
3. カントと太陽系の崩壊
4. 幾何光学と変分法
5. 力学と熱学
6. スコットランドとイングランド
7. ケプラー問題の初等的解法と離心ベクトルの保存について
8. 量子論と量子力学
9. 対応原理と相補性原理
10. 55年目の量子力学演習
11. 相対性理論講義

メインは，40年ほど前の1982年，勤務先の予備校で，大学の入学試験が終わった3月に，予備校生諸君におこなった特殊相対性理論の特別講義を下敷にしたものです．

2024年8月

山本義隆

本書は、ちくま学芸文庫のために新たに編まれた。

熱学思想の史的展開2　山本義隆

熱力学はカルノーの一篇の論文に始まり骨格が完成した。熱素説に立ちつつも、時代に半世紀も先行していた。理論のヒントは水車だったのか？

熱学思想の史的展開3　山本義隆

隠された因子、エントロピーがついにその姿を現わす。そして重要な概念が加速的に連結し熱力学が体系化されていく。格好の入門篇。全3巻完結。

重力と力学的世界(上)　山本義隆

〈重力〉理論完成までの思想的格闘の跡を丹念に辿り、先人の思考の核心に肉薄する壮大な力学史。上巻は、ケプラーからオイラーまでを収録。

重力と力学的世界(下)　山本義隆

西欧近代において、古典力学はいかなる世界を発見し、いかなる世界像を作り出し、そして何を切り捨ててきたのか。歴史形象としての古典力学。

数学がわかるということ　山口昌哉

非線形数学の第一線で活躍した著者が〈数学とは〉をしみじみと、〈私の数学〉を楽しげに語る異色の数学入門書。（野崎昭弘）

カオスとフラクタル　山口昌哉

ブラジルで蝶が羽ばたけば、テキサスで竜巻が起こる？　カオスやフラクタルの非線形数学の不思議をさぐる本格的入門書。（合原一幸）

大学数学の教則　矢崎成俊

高校までの数学と大学の数学では、大きな断絶がある。この溝を埋めるべく企図された、自分の中の数学を芽生えさせる、「大学数学の作法」指南書。

数学文章作法　基礎編　結城浩

レポート・論文・プリント・教科書など、数式まじりの文章を正確で読みやすいものにするには？『数学ガール』の著者がそのノウハウを伝授！

数学文章作法　推敲編　結城浩

ただ何となく推敲していませんか？　語句の吟味・全体のバランス・レビューなど、文章をより良くするために効果的な方法を、具体的に学びましょう。

ちくま学芸文庫

物理学の誕生(ぶつりがくのたんじょう)
――山本義隆自選論集Ⅰ(やまもとよしたかじせんろんしゅう)

二〇二四年十月十日　第一刷発行

著　者　山本義隆（やまもと・よしたか）
発行者　増田健史
発行所　株式会社　筑摩書房
東京都台東区蔵前二―五―三　〒一一一―八七五五
電話番号　〇三―五六八七―二六〇一（代表）
装幀者　安野光雅
印刷所　大日本法令印刷株式会社
製本所　加藤製本株式会社

ISBN978-4-480-51261-1　C0142